icve 智慧职教 智能制造领域核心技术技能人才培养系列 新形态一体化教材

U0685628

工业机器人技术基础（第2版）

主　编　张岩成　刘　浪　李　慧

副主编　王东辉　黄宗建　魏保立

高等教育出版社·北京

内容提要

　　本书是智能制造领域核心技术技能人才培养系列新形态一体化教材。本书介绍工业机器人的基础理论及基本应用系统的相关知识。全书分为 8 章,内容包含认识工业机器人、机构和驱动、运动学与动力学、传感与感知、末端执行器、工业机器人控制系统、工业机器人语言与编程、工业机器人的工业应用等,每章之后附有思考与练习题。

　　本书实现了互联网与传统教学的融合,采用“纸质教材+数字课程”的出版形式,以新颖的留白编排方式突出资源的导航,扫描二维码即可观看微课、动画、拓展阅读等数字资源,突破传统课堂教学的时空限制,激发学生的自主学习,打造高效课堂。本书配套数字课程使用方式见“智慧职教”服务指南。此外,本书提供 PPT 课件、思考与练习题答案,授课教师可发电子邮件至编辑邮箱 gzdz@ pub. hep. cn 获取。

　　本书既可作为职业院校工业机器人技术、电气自动化技术等专业及装备制造大类相关专业的理论教学入门教材或企业培训用书,也可供工程技术人员参考。

图书在版编目(CIP)数据

工业机器人技术基础 / 张岩成,刘浪,李慧主编
. -- 2 版. -- 北京 : 高等教育出版社,2022.9(2023.12 重印)
ISBN 978-7-04-057333-6

Ⅰ.①工… Ⅱ.①张… ②刘… ③李… Ⅲ.①工业机器人-高等职业教育-教材 Ⅳ.①TP242.2

中国版本图书馆 CIP 数据核字(2021)第 228894 号

工业机器人技术基础(第 2 版)
Gongye Jiqiren Jishu Jichu

策划编辑	曹雪伟	责任编辑	郭　晶	封面设计	杨伟露	版式设计	童　丹
插图绘制	杨伟露	责任校对	刘丽娴	责任印制	刁　毅		

出版发行	高等教育出版社	网　　址	http://www.hep.edu.cn	
社　　址	北京市西城区德外大街 4 号		http://www.hep.com.cn	
邮政编码	100120	网上订购	http://www.hepmall.com.cn	
印　　刷	中农印务有限公司		http://www.hepmall.com	
开　　本	787mm×1092mm　1/16		http://www.hepmall.cn	
印　　张	12.25	版　　次	2018 年 8 月第 1 版	
字　　数	260 千字		2022 年 9 月第 2 版	
购书热线	010-58581118	印　　次	2023 年 12 月第 4 次印刷	
咨询电话	400-810-0598	定　　价	35.00 元	

"智慧职教"（www. icve. com. cn）是由高等教育出版社建设和运营的职业教育数字教学资源共建共享平台和在线课程教学服务平台，与教材配套课程相关的部分包括资源库平台、职教云平台和 App 等。用户通过平台注册，登录即可使用该平台。

● 资源库平台：为学习者提供本教材配套课程及资源的浏览服务。

登录"智慧职教"平台，在首页搜索框中搜索"工业机器人技术基础"，找到对应作者主持的课程，加入课程参加学习，即可浏览课程资源。

● 职教云平台：帮助任课教师对本教材配套课程进行引用、修改，再发布为个性化课程（SPOC）。

1. 登录职教云平台，在首页单击"新增课程"按钮，根据提示设置要构建的个性化课程的基本信息。

2. 进入课程编辑页面设置教学班级后，在"教学管理"的"教学设计"中"导入"教材配套课程，可根据教学需要进行修改，再发布为个性化课程。

● App：帮助任课教师和学生基于新构建的个性化课程开展线上线下混合式、智能化教与学。

1. 在应用市场搜索"智慧职教 icve" App，下载安装。

2. 登录 App，任课教师指导学生加入个性化课程，并利用 App 提供的各类功能，开展课前、课中、课后的教学互动，构建智慧课堂。

"智慧职教"使用帮助及常见问题解答请访问 help. icve. com. cn。

教育部工业机器人领域职业教育合作项目
配套教材编审委员会

前　言

"机器人革命"有望成为新一轮工业革命的一个切入点和增长点。《中华人民共和国国民经济和社会发展第十四个五年规划和 2035 年远景目标纲要》提出：培育先进制造业集群，推动包括机器人产业在内的九大产业创新发展；提高安全生产水平，推进危险岗位机器人替代。

当前，国内工业机器人专业人才匮乏，为突破这一产业发展瓶颈，需要加强职业院校工业机器人相关专业建设，加大工业机器人职业教育培训力度，注重专业人才培养，着力于应用型人才队伍建设。

2016 年，教育部为发挥企业在工业机器人领域的技术优势，与北京华航唯实机器人科技股份有限公司、上海 ABB 工程有限公司、上海新时达机器人有限公司合作，从全国职业院校中遴选 115 所合作院校，共同建设 15 个开放式公共实训基地、100 个应用人才培养中心，通过构建符合行业发展需求的工业机器人人才培养方案，促进职业院校工业机器人专业内涵建设，规范岗位课程体系和技能人才培养模式，提升教师专业技术能力。随着职业教育工业机器人技术专业建设的不断深入，开发适合职业教育教学的、具有产教融合特点的工业机器人技术专业教材成为辅助专业建设和教学的一项重要工作。在此背景下，工业机器人行业企业与职业院校深度合作，共同开发了以"理实一体、工学结合"为指导思想的智能制造领域核心技术技能人才培养系列新形态一体化教材，本书即为其中之一。

本书是工业机器人技术专业基础课的理论学习教材，先介绍机器人的机械结构，便于读者对工业机器人形成直观认识；再从机器人运动的理论知识开始介绍，逐渐延伸到工业机器人控制系统结构及编程语言；然后讲解常与工业机器人集成的传感系统与末端执行器；最后介绍工业机器人在工业生产中的典型应用，旨在夯实读者在对工业机器人进行操作之前的理论基础。

本书由兰州资源环境职业技术大学张岩成、北京华航唯实机器人科技股份有限公司刘浪、李慧任主编，河南职业技术学院王东辉、河南工业职业技术学院黄宗建、郑州铁路职业技术学院魏保立任副主编。

本书的编写工作还得到了自贡职业技术学校毛建力、山东（潍坊）公共实训基地昝晓庆、河南职业技术学院肖珑等教师的支持和帮助，同时还参阅了部分技术文献，编者在此一并表示衷心的感谢。

　　北京华航唯实机器人科技股份有限公司为本书开发了丰富的配套教学资源，包括教学课件（PPT）、微课、动画和思考与练习题答案，并在书中相应位置做了资源标记。读者可通过手机等移动终端扫码观看相关内容，也可在"智慧职教"平台（www. icve. com. cn）学习与本书配套的数字课程。

　　由于编者水平有限，对于书中不足之处，恳请广大读者批评指正。

编者

2022 年 7 月

目 录

第1章 认识工业机器人 …………… 1

1.1 工业机器人概述 …………… 2

1.1.1 工业机器人的定义 …… 3

1.1.2 工业机器人的特点 …… 4

1.2 工业机器人的发展与应用 … 4

1.2.1 工业机器人的发展史 … 4

1.2.2 工业机器人的应用…… 7

1.3 工业机器人的全球市场 …… 9

1.4 几种典型的工业机器人 …… 10

1.4.1 直角坐标机器人 …… 11

1.4.2 SCARA 机器人 …… 12

1.4.3 关节机器人 …… 12

1.4.4 Delta 机器人 …… 13

1.5 工业机器人的未来
应用 …………… 15

思考与练习题 …………… 16

第2章 机构和驱动 …………… 17

2.1 工业机器人的结构 …………… 18

2.2 认识机构 …………… 20

2.2.1 组成机构的要素 …… 21

2.2.2 工业机器人的关节 … 22

2.2.3 工业机器人的典型机构 … 25

2.3 工业机器人的传动方式 … 32

2.3.1 旋转传动 …………… 32

2.3.2 直线传动 …………… 38

2.4 工业机器人的驱动方式 … 40

2.4.1 电动机驱动 …………… 40

2.4.2 液压驱动 …………… 41

2.4.3 气压驱动 …………… 42

思考与练习题 …………… 42

第3章 运动学与动力学 …………… 45

3.1 工业机器人的技术参数 …… 46

3.1.1 自由度 …………… 46

3.1.2 工作空间 …………… 46

3.1.3 运动学参数 …………… 47

3.1.4 负载参数 …………… 48

3.1.5 精确度参数 …………… 48

3.2 工业机器人运动学 …………… 49

3.2.1 工业机器人位姿 …… 49

3.2.2 齐次变换与 Denavit-Hartenberg
建模方法 …………… 55

3.2.3 运动学的正逆解 …… 59

3.2.4 雅可比矩阵 …………… 62

3.2.5 奇异点与冗余 …… 64

3.3 工业机器人静力学和力雅可比
矩阵 …………… 65

3.3.1 工业机器人静力和力矩的
平衡 …………… 66

3.3.2 工业机器人力雅可比矩阵 …… 67

3.3.3 工业机器人静力学问题求解 … 68

3.4 工业机器人动力学分析 …… 70

3.4.1 工业机器人动力学方程 …… 70

3.4.2 2自由度平面关节型机构动力学
方程 …………… 71

思考与练习题 …………… 75

第4章 传感与感知 …………… 77

4.1 工业机器人内部传感器 …………… 78

4.1.1 编码器 …………… 78

4.1.2 温度传感器 …………… 80

4.1.3 湿度传感器 …………… 81

4.2 工业机器人外部传感器 …………… 81

4.2.1 视觉传感器 …………… 82

4.2.2 力觉传感器 …………… 83

4.2.3 触觉传感器 …………… 84

4.2.4　距离传感器 ………… 87
4.2.5　防爆传感器 ………… 88
4.2.6　其他外部传感器 ……… 88
4.3　多传感器系统 ………… 88
4.3.1　多传感器系统的定义及分类…… 89
4.3.2　工业机器人中的多传感器
系统 ………… 90
思考与练习题 ………… 90

第5章　末端执行器 ………… 93
5.1　末端执行器的分类 ……… 94
5.1.1　何为末端执行器 ……… 94
5.1.2　工业机器人末端执行器的
种类 ………… 94
5.2　拾取工具 ………… 95
5.2.1　机械夹持式末端拾取工具 …… 95
5.2.2　气吸式末端拾取工具 …… 95
5.2.3　磁吸式末端拾取工具 …… 97
5.3　快换装置 ………… 98
5.4　专用工具应用实例 ……… 99
5.4.1　激光跟踪 ………… 99
5.4.2　喷涂 ………… 101
5.4.3　钻孔与切割 ………… 101
5.4.4　搅拌摩擦焊 ………… 102
5.4.5　力控制装配 ………… 103
5.4.6　柔性抓取 ………… 104
思考与练习题 ………… 105

第6章　工业机器人控制系统 ……… 107
6.1　什么是工业机器人控制系统 … 108
6.1.1　控制系统的结构 ……… 108
6.1.2　工业机器人控制系统的硬件
结构 ………… 111
6.1.3　控制系统的功能体系 …… 113
6.1.4　分层递阶控制结构 ……… 114
6.2　工业机器人运动控制 ……… 118
6.2.1　伺服驱动系统 ………… 118
6.2.2　工业机器人单轴运动控制 … 120
6.2.3　工业机器人多轴运动控制 … 124
6.2.4　两种主流的控制算法 …… 128

6.3　工业机器人通信技术 ……… 129
6.3.1　I/O 通信 ………… 129
6.3.2　I/O 信号与标准 I/O 模块 … 130
6.3.3　总线通信 ………… 132
6.4　人机交互与安全保护机制 …… 137
6.4.1　示教器 ………… 137
6.4.2　安全保护机制 ………… 137
思考与练习题 ………… 141

第7章　工业机器人语言与编程 …… 143
7.1　编程方式 ………… 144
7.1.1　在线示教编程 ………… 144
7.1.2　离线编程 ………… 145
7.2　工业机器人编程语言 ……… 154
7.2.1　工业机器人编程语言的
分类 ………… 155
7.2.2　常用工业机器人编程语言 … 155
思考与练习题 ………… 158

第8章　工业机器人的工业应用 …… 161
8.1　汽车制造行业中的工业机器人 … 162
8.1.1　从人工制车到机器造车 …… 162
8.1.2　冲压车间中的工业机器人 … 163
8.1.3　焊装车间中的工业机器人 … 165
8.1.4　涂装车间中的工业机器人 … 166
8.1.5　总装车间中的工业机器人 … 168
8.1.6　更加自动化的汽车生产线 … 168
8.2　工业机器人集成系统 ……… 170
8.2.1　集成系统案例分析 ……… 170
8.2.2　多机器人系统 ………… 174
8.2.3　平台化产品设计与生产
柔性需求 ………… 175
8.3　自动化时代的高级阶段——未来
工厂 ………… 176
8.3.1　智能化生产的蓝图 ……… 176
8.3.2　勤劳的搬运工——AGV … 178
8.3.3　未来工厂中的我们 ……… 182
思考与练习题 ………… 182

参考文献 ………… 183

第1章　认识工业机器人

思维导图

工业机器人概述
- 工业机器人的定义
- 工业机器人的特点

工业机器人的发展与应用
- 工业机器人的发展史
- 工业机器人的应用

认识工业机器人
- 工业机器人概述
- 工业机器人的发展与应用
- 工业机器人的全球市场
- 几种典型的工业机器人
  - 直角坐标机器人
  - SCARA机器人
  - 关节机器人
  - Delta机器人
- 工业机器人的未来应用

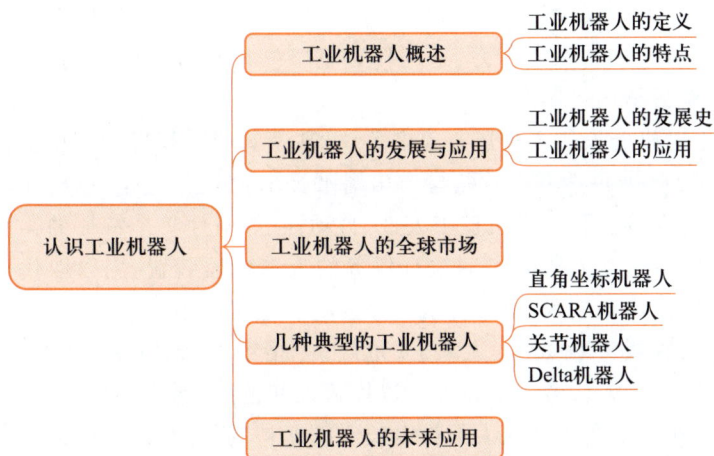

在新一轮工业革命和产业变革中,智能制造已成为世界各国抢占发展机遇的制高点和主攻方向。智能制造包括自动化、信息化、互联网和智能化四个层次,产业链涵盖工业机器人为首的智能装备、工业软件、工业互联网,以及将上述环节有机结合的自动化系统集成及生产线集成等。工业机器人被誉为"制造业皇冠顶端的明珠",是衡量一个国家创新能力和产业竞争力的重要标志。本书将以工业机器人系统为中心,由浅入深地讲解工业机器人技术的基础理论和在智能制造领域的应用现状。

本章将介绍工业机器人的定义、特点、发展史、行业应用情况以及全球市场分布情况,并介绍几种典型的工业机器人,对工业机器人的未来应用技术作简要讲解,带领读者打开工业机器人技术的大门。

1.1   工业机器人概述

机器人是什么？很多人会想到在影视作品或小说中刻画的机器人形象。机器人包括一切模拟人类行为或思想和模拟其他生物的机械（如机器狗、机器猫等）。1920 年，捷克作家卡雷尔·查培克在其剧本《罗萨姆的万能机器人》中最早使用机器人一词，剧中机器人"Robot"（原文为"Robota"，后来成为西文中通行的"Robot"）的本意是苦力，是剧作家笔下一个具有人的外表、特征和功能的机器，这是最早的机器人设想。

狭义上对机器人的定义还有很多争议，甚至有些计算机程序也被称为机器人。1967 年，日本科学家森政弘与合田周平提出："机器人是一种具有移动性、个体性、智能性、通用性、半机械半人性、自动性、奴隶性 7 个特征的柔性机器。"在当代工业中，机器人指能自动执行任务的人造机器装置，用以取代或协助人类工作，一般是机电装置，由计算机程序或电子电路控制。

现今，对人类来说太脏、太累、太危险、太精细、太粗重或太反复无聊的工作，常常都由机器人代劳。机器人可以代替人在危险、恶劣环境下作业，可以代替人完成工作质量要求高或人类难以长时间坚持的作业，以及辅助完成人无法完成的空间与深海作业、精密作业等。

机器人按照应用环境可分为特种机器人和工业机器人。特种机器人指除工业机器人之外，运用于非制造环境下的服务与仿人型机器人。特种机器人在服务、空间及海洋探索、娱乐、农业生产、军事和医疗等领域都具有应用前景。针对各个领域的应用特点，科研人员研制出各种类型的特种机器人，比如农业机器人、军用机器人、医疗机器人、空间机器人、水下机器人、服务机器人、娱乐机器人等，如图 1-1 所示。

(a) 农业机器人　　　　　　(b) 军用机器人　　　　　　(c) 医疗机器人

(d) 空间机器人　　　(e) 水下机器人　　　(f) 服务机器人　　　(g) 娱乐机器人

图 1-1　特种机器人

农业机器人可以耕耘播种、施肥除虫；军用机器人可以侦察作战、排雷排弹；医疗机器人可以辅助手术、诊疗保健；空间机器人可以用于星际探索、空间开发;水下机器人可以帮助打捞沉船、铺设电缆;工程机器人可以上山入地、开洞筑路;服务机器人可以用于家庭生活类服务及公共场所类服务。特种机器人技术更强调感知、决策和复杂行动能力,符合应用领域的特殊要求,呈现出广阔的发展空间。

工业机器人应用于制造业,作为生产自动化设备而存在,在自动化生产线上担任搬运、码垛、喷涂、焊接和装配等工作。工业机器人是机器人家族中重要的一员,也是目前在技术上发展最成熟、应用最广泛的一类机器人。

1.1.1 工业机器人的定义

工业机器人(见图1-2)是面向工业领域的多关节机械手或称多自由度的机器装置,它能自动执行工作,是靠自身动力和控制能力来实现各种功能的一种机器。

图1-2 工业机器人

1954年,美国学者乔治·戴沃尔最早提出了工业机器人的概念,并申请了专利。该专利的要点是借助伺服技术控制机器人的关节,利用人手对机器人进行动作示教(详见7.1.1节),机器人能实现动作的记录和再现。这就是所谓的示教再现机器人,现有的机器人大多数采用这种示教方式。

1987年,国际标准化组织(ISO)对工业机器人进行了定义:"工业机器人是一种具有自动控制操作和移动功能,能完成各种作业的可编程操作机。"

日本工业机器人协会(JIRA)对工业机器人的定义是"一种装备有记忆装置和末端执行器,能够转动并通过自动完成各种移动来代替人类劳动的通用机器"。

我国国家标准GB/T 12643—2013将工业机器人定义为"自动控制的、可重复编程、多用途的操作机,可对三个或三个以上轴进行编程。它可以是固定式或移动式,在工业自动化中使用"。

1.1.2　工业机器人的特点

一般来说,工业机器人具有以下特点:

1. 可编程

工业机器人可随其工作环境变化的需要进行重复编程,控制其在工作空间中的姿态和运动轨迹。

2. 拟人化

工业机器人的机械结构类似人的腰转、大臂、小臂、手腕、手爪等部分。工业机器人模仿人或动物肢体动作,抓持工具完成指定操作。

3. 通用性

除专用工业机器人,一般工业机器人执行不同作业任务时具有较好的通用性,更换工业机器人末端执行器(手部,见图 1-3,详见第 5 章)便可执行不同作业任务。

图 1-3　多种多样的末端执行器

1.2　工业机器人的发展与应用

1.2.1　工业机器人的发展史

1959 年,乔治·戴沃尔和约瑟夫·恩格尔伯格发明了世界上第一台工业机器人,命名为 Unimate(尤尼梅特,意思是"万能自动"),如图 1-4 所示。Unimate 的功能和人手臂功能相似,机座上安装大臂,大臂可绕轴在机座上转动;大臂上伸出一个前臂,相对大臂可以伸出或缩回;前臂顶端是腕部,可绕前臂转动,进行俯仰和侧摇;腕部前面是手部(末端执行器)。Unimate 重达 2 t,采用液压驱动,利用磁鼓[1]上的程序来控制运动。

PPT
工业机器人
的发展史

———————

① 1953 年,第一台磁鼓应用于 IBM 701 电子计算机,它是作为内存储器使用的。磁鼓是利用铝鼓筒表面涂覆的磁性材料来存储数据的。

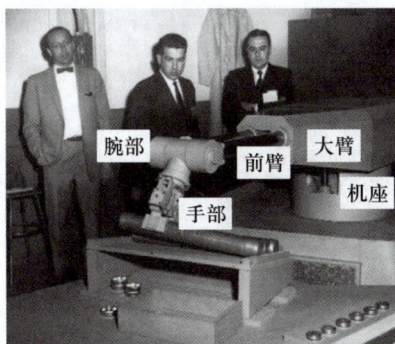

图 1-4　第一台工业机器人 Unimate

1961 年，Unimate 在美国特伦顿的通用汽车公司安装运行，如图 1-5 所示。这台工业机器人用于生产汽车的门、车窗摇柄、换挡旋钮、灯具固定架等。

图 1-5　Unimate 在美国用于生产

1962 年，美国机械与铸造公司（AMF）制造出了世界上第一台圆柱坐标型工业机器人（圆柱坐标型机构详见 2.2.3 节），命名为 Verstran（沃尔萨特兰，意思是"万能搬动"），如图 1-6 所示。同年，AMF 制造的 6 台 Verstran 机器人应用于美国坎顿的福特汽车生产厂。

1967 年，一台 Unimate 机器人安装运行于瑞典，这是在欧洲安装运行的第一台工业机器人，如图 1-7 所示。

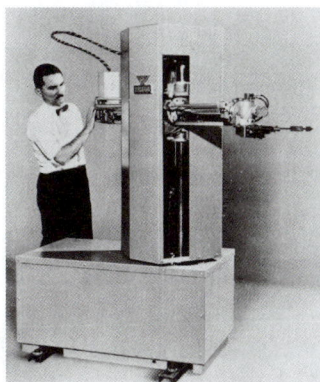

图 1-6　圆柱坐标型工业
机器人 Verstran

图 1-7　Unimate 机器人安装
运行于欧洲

1969 年，通用汽车公司在其洛兹敦装配厂安装了首台点焊机器人 Unimation，如图 1-8 所示。Unimation 机器人大大提高了生产率，大部分的车身焊接作业由机器人来完成,只有20%～40%的传统焊接工作由人工完成。

1969年,挪威Trallfa公司生产了第一款商用喷漆机器人,如图1-9所示。

图1-8　点焊机器人Unimation

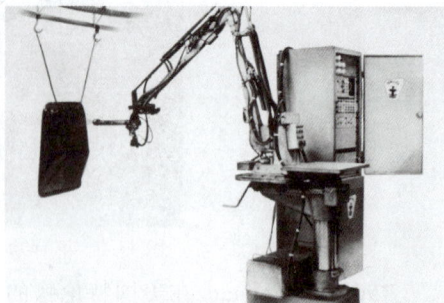

图1-9　第一款商用喷漆机器人

1969年,日本川崎重公司在引进了Unimation公司的工业机器人技术后成功开发了Kawasaki-Unimate 2000机器人,如图1-10所示,这是日本生产的第一台工业机器人。

1973年,德国库卡(KUKA)公司将其使用的Unimate机器人研发改造成机电驱动的6轴机器人,命名为Famulus,如图1-11所示,这是世界上第一台机电驱动的6轴机器人。

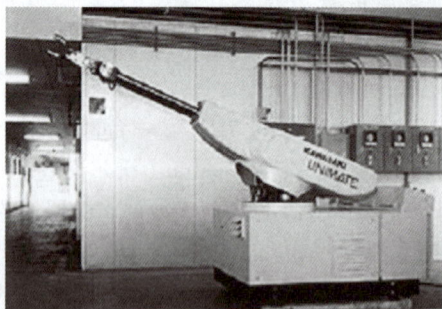

图1-10　Kawasaki-Unimate
2000机器人

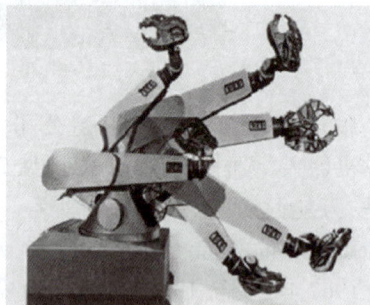

图1-11　第一台机电驱动的6轴
机器人Famulus

1974年,美国辛辛那提米拉克龙(Cincinnati Milacron)公司开发出第一台由小型计算机控制的工业机器人,命名为T3(The Tomorrow Tool),如图1-12所示,这是机器人和小型计算机的第一次结合。T3采用液压驱动,有效负载达45 kg。

1974年,瑞典ABB公司研发了世界上第一台全电控式工业机器人IRB6,如图1-13所示,主要应用于工件的取放和物料搬运。

1978年,美国Unimation公司推出通用工业机器人PUMA,如图1-14所示,这标志着工业机器人技术已经成熟。PUMA至今仍然工作在工厂第一线。

1978年,日本山梨大学(University of Yamanashi)的牧野洋发明了选择顺应性装配机器手臂(Selective Compliance Assembly Robot Arm,SCARA),如图1-15所示。SCARA机器人(详见1.4.2节)具有4个运动自由度,主要适用于物料装配和搬动。时至今日,SCARA机器人仍然是工业生产线上常用的机器人。到了 1980 年,工业机器人才真正在日本普及,故日本称该年为"机器人元年"。随后,工业机器人在日本得到了快速发展,日本也因此而赢得了"机器人王国"的美称。

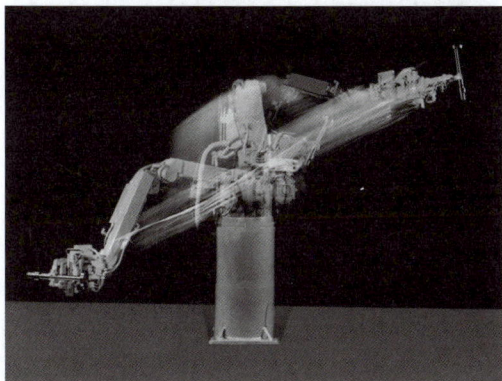

图 1-12　第一台由小型计算机控制的工业机器人 T3

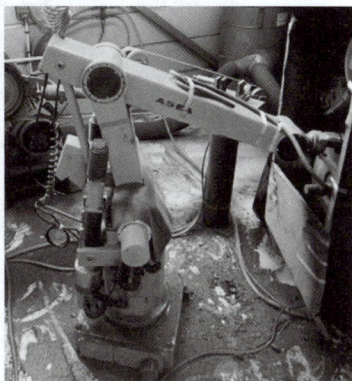

图 1-13　第一台全电控式工业机器人 IRB6

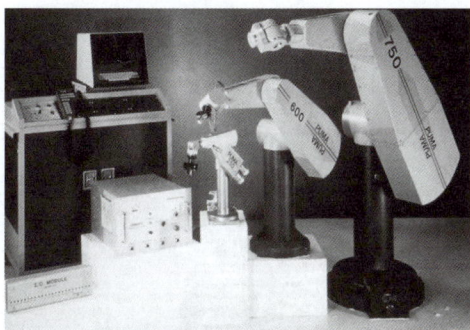

图 1-14　通用工业机器人 PUMA

图 1-15　选择顺应性装配机器手臂(SCARA)

以上是工业机器人发展的一些历史,20 世纪 80 年代之后,工业机器人技术迅猛发展,瑞典 ABB 公司、德国 KUKA 公司、日本安川机器人公司和 FANUC 公司成为世界四大机器人生产商。工业机器人在工业生产中得到广泛应用。

1.2.2　工业机器人的应用

工业机器人在工业生产中能代替人工完成某些单调、工作时间长的,或是危险、恶劣环境下的作业,例如在冲压、压力铸造、热处理、焊接、涂装、塑料制品成形、机械加工和简单装配等工序上,以及在原子能工业中,完成对人体有害物料的搬运工作或工艺操作。工业机器人广泛应用于汽车制造业、电子电气行业、铸造和锻造行业、食品行业、玻璃制造行业、建筑行业等。

汽车制造业是工业机器人应用最早、应用数量最多、应用能力最强的行业。全球有超过 50% 的工业机器人应用在汽车制造业,在中国也是如此。工业机器人在汽车及其零部件的制造上应用广泛,典型的有冲压、焊接、切割、涂胶等工艺环节,其中焊接工艺环节的焊接机器人使用量最大。图 1-16 所示为工业机器人在汽车制造业的应用。

微课

工业机器人
在电子电气
行业的应用

图 1-16　工业机器人在汽车制造业的应用

工业机器人在电子电气行业中的应用也很普遍,常用于 IC 芯片及元器件贴装、电子零件生产、组装测试等各个生产环节中。例如在图 1-17 所示手机生产线,工业机器人搭配视觉系统,能够完成触摸屏检测、擦洗、贴膜等一系列操作。

微课

工业机器人
在食品行业
的应用

图 1-17　工业机器人在手机生产线的应用

在食品行业中,工业机器人通常应用于装卸货物、食品切割、码垛、拆垛以及质量控制等,不仅能够避免工作人员接触导致的卫生问题,还可以很大程度地减轻人工负担,很多柔软易碎的食品也可避免在搬运过程中遭到人为损坏。图 1-18 所示为工业机器人进行食品的搬运、包装及码垛。

图 1-18　工业机器人进行食品的搬运、包装及码垛

在玻璃制造行业中,也会用工业机器人进行玻璃的特定加工及搬运,实验

室器皿的制胚、成形等。图1-19所示为工业机器人在搬运玻璃制品。

由于工业机器人具有耐高温、适应恶劣工作环境的特点,在铸造和锻造行业中,可以将工业机器人直接安装在铸造机械旁配合生产。在产品后续的去毛刺、打磨及钻孔等加工过程及质量监控过程中均可使用工业机器人。图1-20所示为工业机器人夹持铸件在高温炉内锻造。

工业机器人在建筑行业里也有应用,比如用于原材料的输送、加工及生产过程中。图1-21所示为利用工业机器人进行钢铁建材的切割。

图1-19 工业机器人在搬运玻璃制品

图1-20 工业机器人夹持铸件在
高温炉内锻造

图1-21 利用工业机器人进行钢
铁建材的切割

1.3 工业机器人的全球市场

PPT
工业机器人
的全球市场

截至2020年底,全世界的工厂中有约300万台工业机器人在运行。2020年尽管受到新冠疫情的影响,全世界的工业机器人销量仍然达到38.4万台,比2019年小幅增长了0.5%。这主要是因为中国市场稳定、积极、健康的发展。中国市场的工业机器人销量为16.84万台,如图1-22所示,创单一国家市场年销量纪录,比2019年增长约20%。

2020年工业机器人在全球不同行业的销量如图1-23所示,其中电子电气和自动化行业的工业机器人销量占比最大。

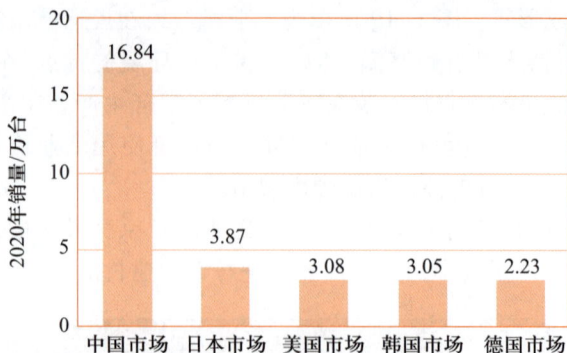

图 1-22　2020 年工业机器人全球主要市场销量

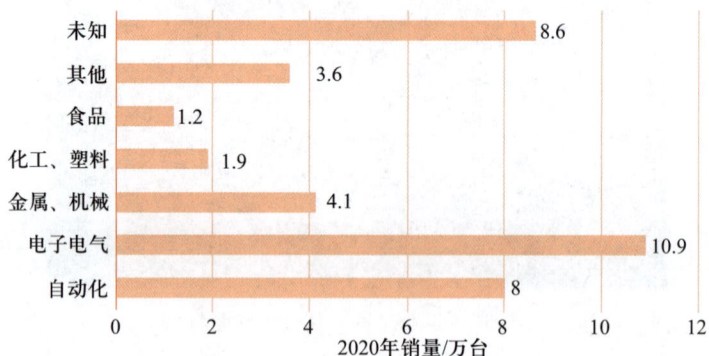

图 1-23　2020 年工业机器人在全球不同行业的销量

随着人工智能的不断发展,协作机器人也步入了发展的"快车道",如图 1-24 所示。2020 年,协作机器人全球销量为 2.2 万台,占工业机器人全球销量的 5.7%。

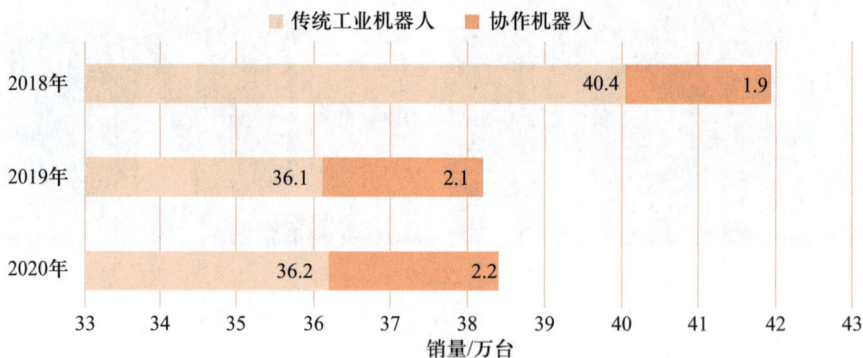

图 1-24　2018—2020 年传统工业机器人与协作机器人销量对比

根据 2021 年 2 月工业和信息化部公布的 2020 年我国机器人行业运行情况数据显示,2020 年 1～12 月全国机器人产量为 237 068 台,同比增长 19.1%。其中,特殊作业机器人制造企业营业收入 28.8 亿元,同比增长 24.7%;服务消费机器人制造企业营业收入 103.1 亿元,同比增长 31.3%。

1.4　几种典型的工业机器人

工业机器人的结构可以分为关节型和非关节型,坐标类型可分为直角坐标型、圆柱坐标型、球坐标型和关节坐标型。本节将介绍几种具有这些特点的典型机器人,工业机器人机构相关内容详见第 2 章。

1.4.1　直角坐标机器人

📱 PPT

直角坐标机器人

直角坐标机器人又叫笛卡儿坐标机器人,以 *XYZ* 直角坐标系为基本数学模型,最基本的笛卡儿坐标机器人的手臂具有三个滑动关节,且轴线按直角坐标系的轴向配置。直角坐标机器人多以伺服电动机或步进电动机驱动的单轴机械臂为基本工作单元,采用滚珠丝杠、同步传动带、齿轮、齿条等常用的传动零件,使各运动自由度之间成直角关系,能够实现自动控制且可重复编程,如图 1-25 所示。

图 1-25　直角坐标机器人

大型的直角坐标机器人也称桁架机器人或龙门机器人,它一般在需要精确移动以及负载较大的场合使用,这类机器人常常吊装在顶板上,如图 1-26 所示。

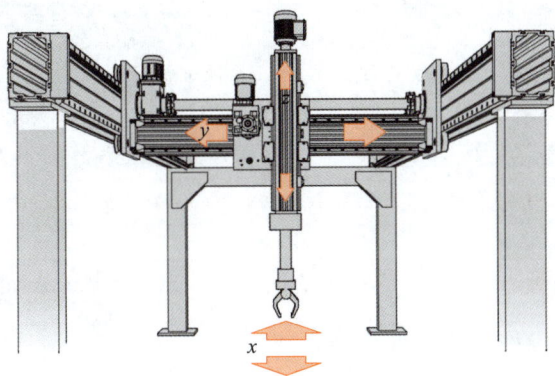

图 1-26　桁架机器人

直角坐标机器人是一种结构最简单的工业机器人,工作方式是沿着 x、y、z 轴做线性运动,其特点如下:

1)多自由度运动,每两个运动自由度之间的夹角为直角。

2)工作空间所受约束较其他机器人所受的约束少,重复性和精度高。

3)其坐标系各轴平行于机械臂,故易于编程。

4)承载能力强、刚度大、可靠性高、速度快,但部分大型直角坐标机器人可能存在安装灵活度低的问题。

5）有些需要大量计算的运动轨迹,此结构可能较难完成,如方向与任何轴都不平行的直线轨迹。

此外,需要避免一个误区。一台直角坐标机器人可以不仅限于3个自由度,一般用于安装末端执行器的机械臂端部可添加组件,该组件本身可具有几个附加自由度:滚动、俯仰、偏摆。并且,机器人也可安装于能够在平面内运动的物体上(例如x-y平台或导轨)来增加整个装置的灵活性。

1.4.2　SCARA机器人

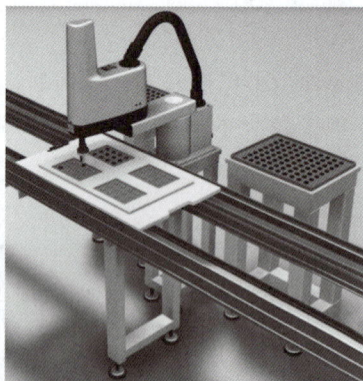

PPT
SCARA机器人

SCARA是应用于装配作业的机器人手臂。SCARA机器人属于**圆柱坐标机器人**的一种,如图1-27所示。

SCARA机器人共有4个关节(详见2.2.3节):3个轴线相互平行的旋转关节,能够在平面内进行定位和定向;1个移动关节,用于完成末端执行器垂直于平面的运动。因此SCARA机器人一般有4个自由度,包括沿x、y、z轴向的平移和绕z轴的旋转。

SCARA系统在x、y轴向上具有顺从性,而在z轴向具有良好的刚度,此特性特别适用于搬运和取放物件,故SCARA机器人大量用于装配印制电路板和电子零部件等生产环节中,如图1-28所示。

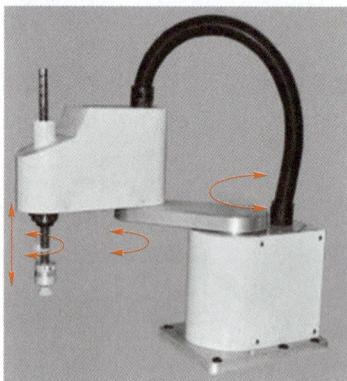

图1-27　SCARA机器人　　图1-28　SCARA机器人用于搬运和取放物件

1.4.3　关节机器人

PPT
关节机器人

关节机器人也称关节手臂机器人或关节机械手臂,是当今工业领域中最常见的工业机器人的形态之一,适用于诸多工业领域的机械自动化作业。

关节机器人根据结构不同有不同的分类。其中6轴串联机器人使用最多,如图1-29所示,它广泛应用于焊接、涂胶、装配、码垛等领域,其特点如下:

1）工作空间大。

2）运动分析较容易。

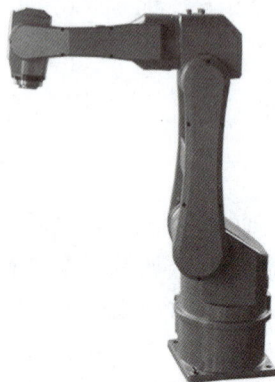

图1-29　6轴串联机器人

3）可避免驱动轴之间的耦合效应。

4）各轴必须独立控制，并且需搭配传感器以提高机构运动时的精度。

目前的关节机器人一般最多具有 7 个自由度。机器人在空间内完成操作任务时，最多只需要 6 个自由度，而过多的自由度就会产生冗余自由度，因此 7 轴机器人又称 7 自由度冗余机器人。几种常见的 7 轴机器人如图 1-30 所示。

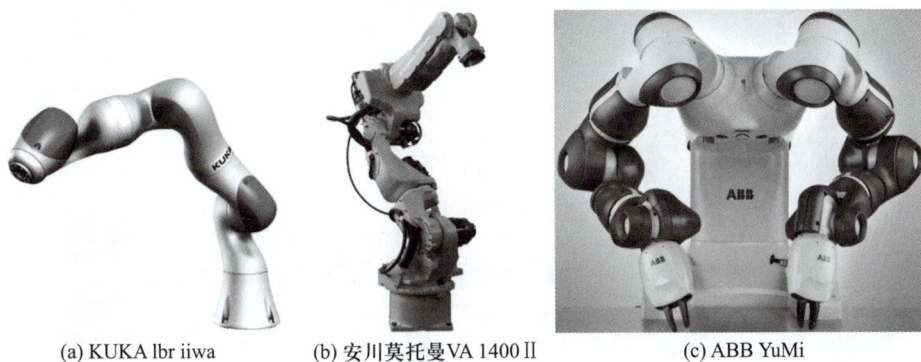

(a) KUKA lbr iiwa   (b) 安川莫托曼VA 1400Ⅱ   (c) ABB YuMi

图 1-30　7 轴机器人

7 轴机器人与 6 轴机器人相比，有以下优势：

1）6 轴机器人处于奇异点（详见 3.2.5 节）时，它的末端执行器不能绕某个方向运动或施加力矩，影响运动规划。7 轴机器人利用冗余自由度可避免奇异点。

2）6 轴机器人工作时，每个关节的力矩分配可能不合理；7 轴机器人可以通过控制算法调整各个关节的力矩，让薄弱的环节承受的力矩尽量小，使整个机器人的力矩分配更加合理。

3）6 轴机器人如果有一个关节发生故障而失效，便无法继续完成工作；7 轴机器人可以通过重新调整故障关节速度和故障关节力矩，实现正常工作。

1.4.4　Delta 机器人

Delta 机器人属于高速、轻载的并联机器人，由三个并联的伺服轴确定末端执行器的空间位置，实现目标物体的运输、加工等操作，是典型的并联机器人。并联机器人可以定义为动平台和静平台通过至少两个独立的运动链相连接，机构具有两个或两个以上自由度，以并联方式驱动的一种闭环机器人。并联机构按照自由度数，可分为 2~6 自由度并联机构。

Delta 机器人是典型的并联机构，如图 1-31 所示，由静平台、电动机、旋转轴、主动臂、从动臂、动平台等组成。没有旋转轴的 Delta 机器人为 3 自由度并联机构，有旋转轴的 Delta 机器人为 4 自由度并联机构。

Delta 机器人应用系统通常包括机器人、输送线、视觉系统和机器人安装框架，如图 1-32 所示。输送线主要完成物料的输送任务，视觉系统配合机器人完成对目标工件的位置、姿态识别和准确抓取；机器人安装框架用来固定机器人机构。

Delta 机器人整体结构精密、紧凑，驱动部分均匀分布于静平台，这些使它具有如下特性：

PPT

Delta 机器人

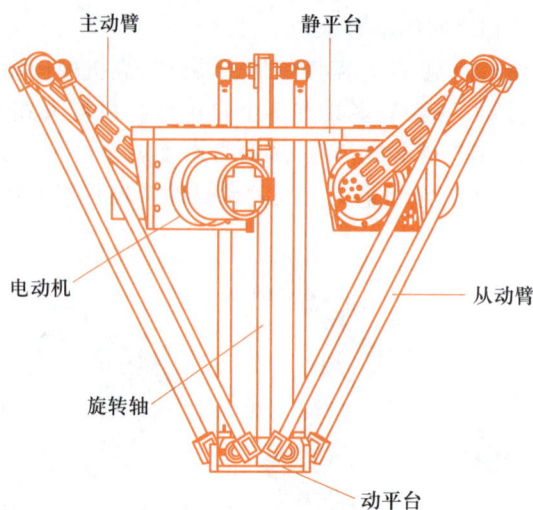

主动臂   静平台

电动机   从动臂

旋转轴

动平台

图 1-31   Delta 机器人

机器人

视觉系统

机器人安装框架   输送线

图 1-32   Delta 机器人应用系统

1）自重负荷比小，动态性能好。

2）并联机械臂的重复定位精度高。

3）超高速拾取物品，每秒多个节拍。

Delta 机器人重量轻、体积小、运动速度快、定位精确、效率高，主要应用于食品、电子产品、药品等行业的加工、装配、分拣，如图 1-33 所示。

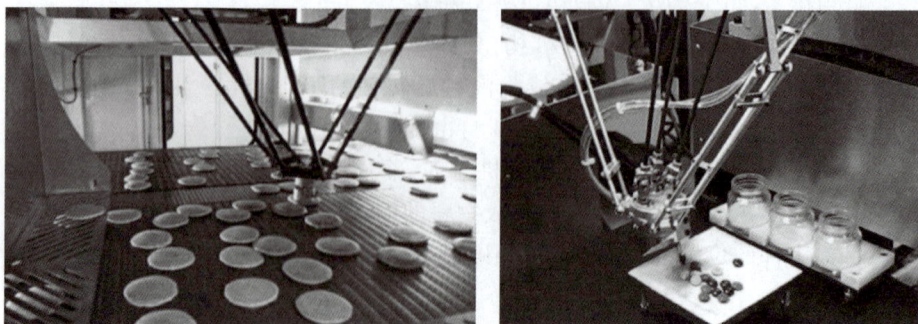

图 1-33   Delta 机器人在生产中的应用

1.5　工业机器人的未来应用

随着人工智能技术的发展和市场需求的更新,工业机器人技术正在向智能化、模块化和系统化的方向发展,主要发展趋势如下

1. 结构的模块化和可重构化

可重构机器人(Reconfigurable Modular Robot System,RMRS)如图 1-34 所示,能够根据任务或环境的变化,通过对机械模块和控制系统的重构,装配成不同的几何构型。可重构机器人的研究目前已经成为机器人研究的一个重要方向。

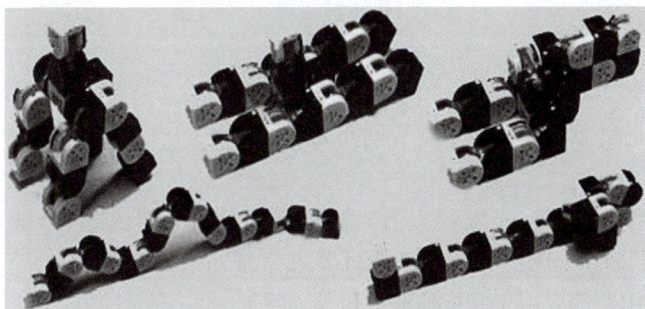

图 1-34　可重构机器人

2. 控制技术的开放化、PC 化和网络化

目前投入生产的工业机器人大多数仅实现了简单的网络通信和控制。如何使机器人由独立系统向群体系统发展,实现远距离操作监控及维护,是目前工业机器人研究的热点。

3. 多传感器融合技术的实用化

多传感器融合实际上是对人脑综合处理复杂问题的一种功能模拟。将多传感融合技术应用于机器人,即把分布在不同位置的多个同类或不同类传感器所提供的局部数据资源加以整合,实现例如机器人在有障碍物环境下的智能导航,或是高效的控制配合等功能。不仅限于工业机器人系统,多传感器融合技术的实用化在整个工业自动化领域都具有很高的应用潜力和研究价值。

4. 多机器人协同作业

多机器人协同作业是指系统通过任务分配、路径规划、信息传递等手段,完成单机器人无法完成的复杂任务。图 1-35 所示为多机器人协作绘图和焊接。多机器人协同作业正逐渐引起工业界和研究机构的广泛重视。

5. 机器人技术与人工智能结合

现有工业机器人的编程方式大多数为示教再现型,机器人进入工作状态后与人完全隔离。传感器检测、人工智能、人机交互等技术与机器人技术的融合,可以使机器人直接与人并肩工作,工作人员、机器人及外围设备有效互动,实现工作过程中更高效的协作。

微课

多机器人协同作业

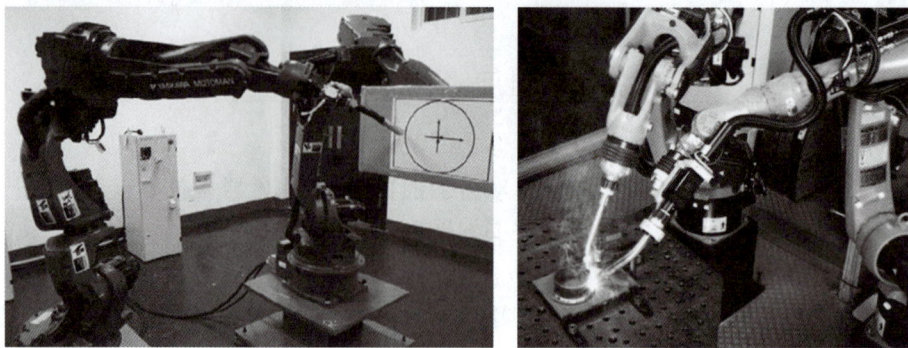

图1-35   多机器人协作绘图和焊接

思考与练习题

1. 填空题

（1）工业机器人按照结构不同可以分为_____、_____、_____、_____。

（2）大型的_____也称为桁架机器人或龙门机器人，它一般在需要精确移动以及负载较大的场合使用，这类机器人常常吊装在顶板上。

（3）SCARA是应用于装配作业的机器人手臂，是一种_____的工业机器人。

（4）Delta机器人属于高速、轻载的_____机器人，由_____个并联的伺服轴确定末端执行器的空间位置，实现目标物体的运输、加工等操作。

2. 选择题

（1）（   ）可以用于家庭生活类服务及公共场所类服务。

A. 军用机器人　　　　　　　　B. 服务机器人

C. 医疗机器人　　　　　　　　D. 工程机器人

（2）（   ）多以伺服电动机或步进电动机为驱动的单轴机械臂为基本工作单元，采用滚珠丝杠、同步传动带、齿轮、齿条等常用的传动零件，使各运动自由度之间成直角关系，能够实现自动控制且可重复编程。

A. 直角坐标机器人　　　　　　B. SCARA机器人

C. 关节机器人　　　　　　　　D. Delta机器人

（3）SCARA机器人共有4个关节：m个轴线相互平行的旋转关节，能够在平面内进行定位和定向；n个关节是移动关节，用于完成末端执行器垂直于平面的运动。m,n为（   ）。

A. 2,2　　　　B. 1,3　　　　C. 3,1　　　　D. 以上都不是

（4）关节机器人根据结构不同有不同的分类，其中（   ）串联机器人使用最多，广泛应用于焊接、涂胶、装配、码垛等领域。

A. 4轴　　　　B. 5轴　　　　C. 6轴　　　　D. 7轴

3. 简答与分析题

（1）简述工业机器人的特点。

（2）简述Delta机器人的特点。

思考与练习题
答案

第2章　机构和驱动

思维导图

机构和驱动
- 工业机器人的结构
  - 执行机构
    - 执行构件
    - 驱动装置
    - 传动装置
  - 控制系统
  - 传感系统
- 认识机构
  - 组成机构的要素
    - 构件
    - 运动副
  - 工业机器人的关节
  - 工业机器人的典型机构
    - 典型机构构型
    - 机座安装形式
    - 腕部构型
- 工业机器人的传动方式
  - 旋转传动
    - 齿轮
    - 蜗轮蜗杆
    - 同步带
  - 直线传动
    - 齿轮齿条
    - 滚珠丝杠
- 工业机器人的驱动方式
  - 电动机驱动
  - 液压驱动
  - 气压驱动

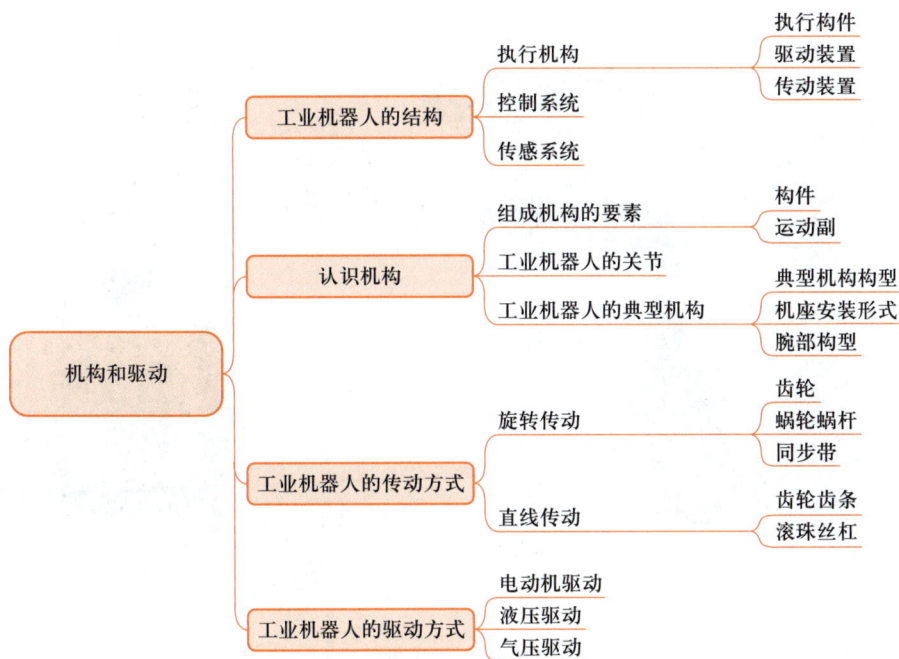

　　工业机器人系统主要由工业机器人本体、控制柜、连接线缆和示教器组成，工业机器人本体结构决定了它的应用场合：有的适合搬运，有的适合分拣，有的更是多面手，能够完成多种作业任务。工业机器人本体主要由传动系统和驱动系统组成，传动系统是工业机器人的支承基础和执行机构，驱动系统则为工业机器人提供动力，它们都是工业机器人的核心部分。

　　本章主要从工业机器人的结构、工业机器人的传动方式、工业机器人的驱动方式三个方面对工业机器人的本体进行介绍，使读者对工业机器人本体形成进一步的认识。

2.1   工业机器人的结构

工业机器人通常由执行机构（包含执行构件、驱动装置、传动装置）、控制系统和传感系统（内部传感器和外部传感器）三部分组成，如图 2-1 所示。这些部分之间的相互作用如图 2-2 所示。

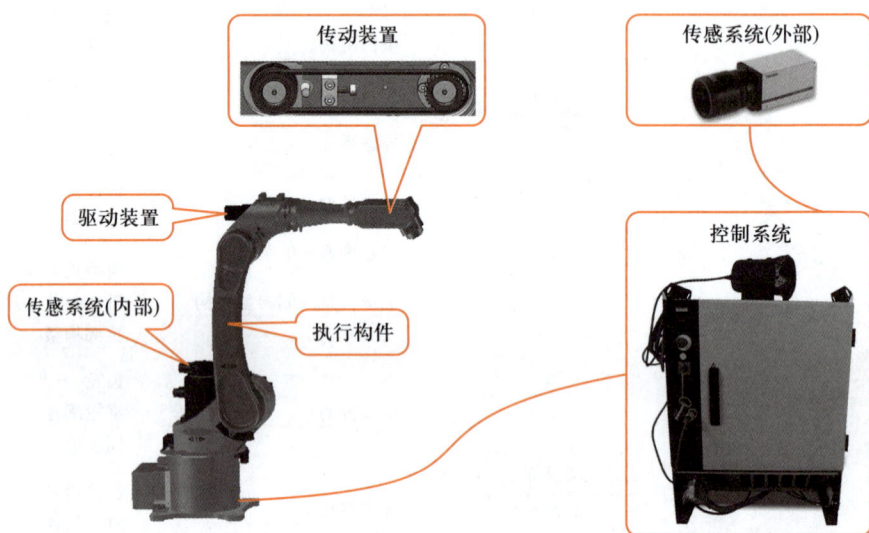

图 2-1   工业机器人系统的组成

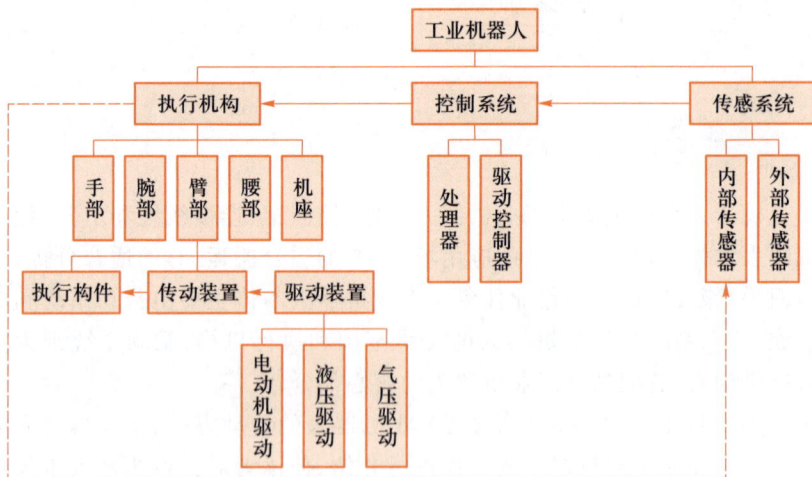

图 2-2   工业机器人体系结构中各部分的相互作用

在工业机器人技术中，执行机构指的是机器人本体，也称机械臂、操作机，是机器人完成工作任务的实体，通常由执行构件、传动装置和驱动装置组成。从功能角度划分，执行机构（以 6 轴串联机器人为例）可分为手部、腕部、臂部、腰部和机座，如图 2-3 所示，各部分功能见表 2-1。

传动装置是连接驱动装置和执行构件的关键部分。常用的传动装置，除了谐波减速器和 RV 减速器,还有滚珠丝杠、传动链、传动带以及各种齿轮系。图 2-4所示为常见的传动装置。

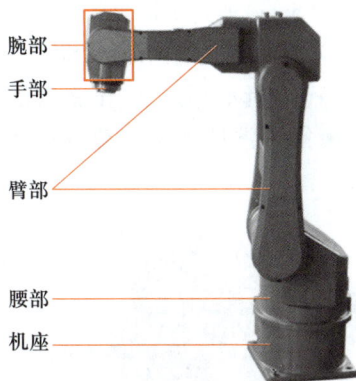

腕部
手部

臂部

腰部
机座

图 2-3   执行机构

表 2-1   执行机构各部分功能

名称	功能
手部	手部又称末端执行器,是工业机器人直接进行工作的部分,安装不同的工具可完成各种操作任务,比如抓取物料、焊接等。有关末端执行器的详细内容见第 5 章
腕部	腕部是连接手部和臂部的机构,其作用是调整或改变手部的姿态,是执行机构中结构最复杂的部分
臂部	臂部又称手臂,用以连接腰部和腕部,通常由两个臂杆(大臂和前臂)组成,用以带动腕部运动
腰部	腰部又称立柱,是支撑手臂的机构,其作用是带动臂部运动,与臂部运动结合,把腕部传递到需要的工作位置
机座	机座(行走机构)是机器人的基础部分,起支撑作用,有固定式和移动式两种,该部件必须具有足够的刚度、强度和稳定性

(a) 谐波减速器

(b) RV减速器

(c) 传动链

(d) 传动带

(e) 滚珠丝杠

(f) 传动齿轮

图 2-4   常见的传动装置

驱动装置是机器人的动力来源,用于驱动执行机构。驱动方式通常分为电动机驱动、液压驱动和气压驱动。电动机驱动可分为直流(DC)电动机驱动、交流(AC)伺服电动机(如图 2-5(a)所示)驱动和步进电动机驱动等。液压驱动是以液体为工作介质,利用液体的压力能来传递动力。常见液压驱动装置有液压缸、液压电动机(如图 2-5(b)所示)等。气压驱动是以压缩空气为动力源,将压缩空气的能量转化为机械能。常见气压驱动装置有气缸、气动电动机(如图 2-5(c)所示)等。

(a) 交流伺服电动机　　　　(b) 液压电动机　　　　(c) 气动电动机

图 2-5　驱动装置

控制系统是机器人的大脑,主要任务是控制机器人在工作空间中的运动位置、姿态、轨迹、操作顺序及动作的时间。控制系统由控制柜和示教器组成(详见第 6 章),如图 2-6 所示。

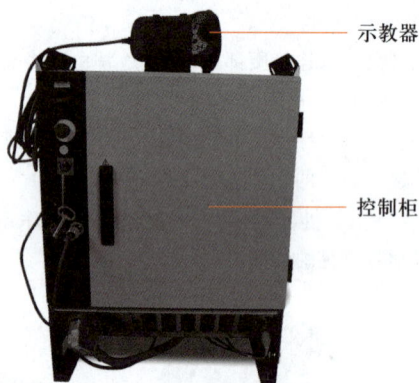

示教器

控制柜

图 2-6　控制系统

传感系统由内部传感器和外部传感器组成,用于机器人检测各种状态。机器人的内部传感器反映机械臂关节的实际运动状态,机器人的外部传感器被用来检测工作环境的变化。与工业机器人相关的传感系统详见第 4 章。

2.2　认识机构

机构是指由两个或两个以上构件连接且具有相对机械运动的构件系统,或称为用来传递运动和力,实现运动形式转换的可动装置。常见的机构有齿轮机构、凸轮机构、连杆机构、带传动机构和链传动机构等,它们都是实现某种运动和动力传动的可动装置。

工业机器人看似复杂多变的机械运动都是通过这些"机构"来实现的。工业机器人通常包含若干机构,它们是工业机器人的重要组成部分。

2.2.1 组成机构的要素

各种机构的形式迥异,但共通之处是皆为具有相对机械运动的构件组合体。这种"构件组合体"由构件按一定的方式连接而成。机构是由构件和运动副两个要素构成的。

1. 构件

机构中每一个独立的运动单元称为一个构件,如破碎机机构中的曲柄、摇杆、连杆、机架,如图 2-7 所示;如工业机器人的前臂、机座、大臂,如图 2-8 所示。

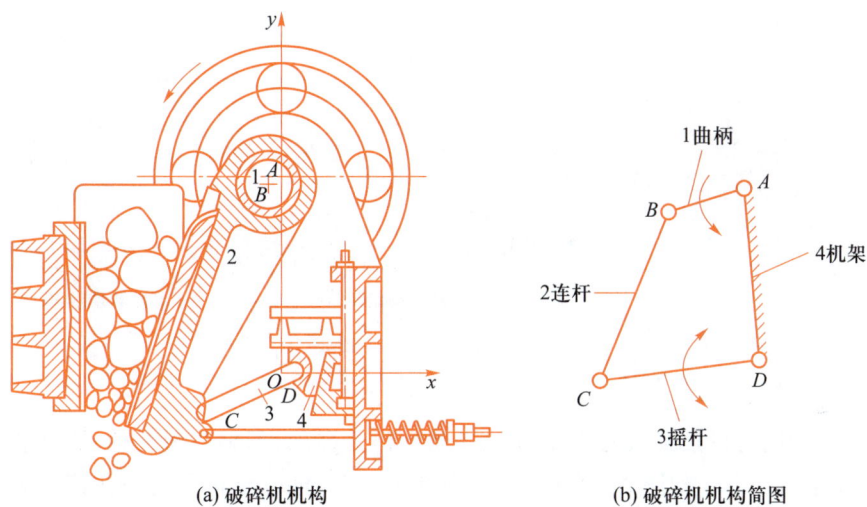

(a) 破碎机机构　　　　　　　　　(b) 破碎机机构简图

图 2-7　破碎机机构及其简图

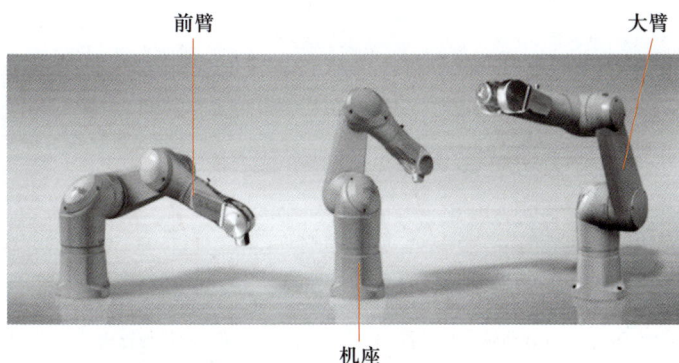

图 2-8　工业机器人的构件

2. 运动副

机构中两构件直接接触并能产生相对运动的连接,称为运动副。两构件间的运动副所起的作用是:保留构件间所需的相对运动,同时限制构件间的某些相对运动,这种对相对运动的限制作用称为约束。由于被约束而减少的相对运动数目称为约束数目。

运动副有多种分类方法,常用的分类方法有按照运动副引入的约束数目分类以及按照构成运动副的两构件的接触类型分类。

(1)按照运动副引入的约束数目分类

引入一个约束的运动副称为一级副,引入两个约束的运动副称为二级副,依次类推,还有三级副、四级副、五级副。如图 2-9 所示,在笛卡儿坐标系下,球碗零件 1 限制了球体零件 2 沿 3 个坐标轴的移动,球体零件只能绕 3 个坐标轴转动,因此两个零件之间的运动副(球面副)引入了 3 个约束,它是三级副。

(2)按照构成运动副的两构件的接触类型分类

通过面接触构成的运动副称为低副,如移动副中的滑块和导向条以及转动副中的两构件之间都是面接触,如图 2-10 所示。

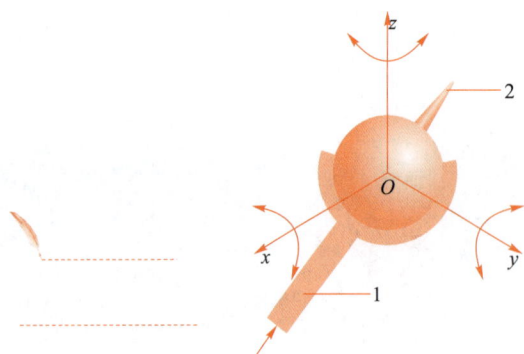

图 2-9 三级球面副
1—球碗零件;2—球体零件

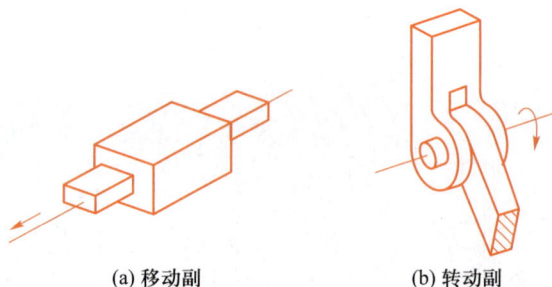

(a) 移动副   (b) 转动副

图 2-10 低副

两构件通过点或线接触组成的运动副称为高副,如轴与滚动轴承、凸轮机构、齿轮啮合等。如图 2-11 所示,凸轮与从动件、轮齿与轮齿分别在接触处组成高副。组成平面高副两构件间的相对运动是沿接触处切线 t-t 方向的相对移动和在平面内的相对转动。

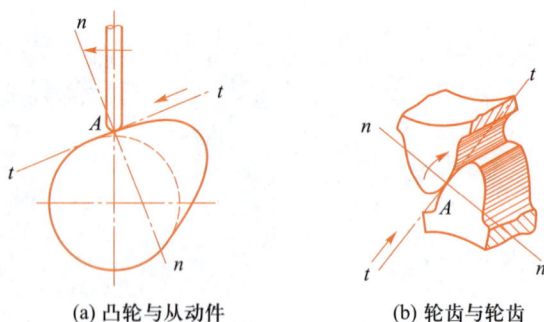

(a) 凸轮与从动件   (b) 轮齿与轮齿

图 2-11 高副

2.2.2 工业机器人的关节

关节机器人的构型是基于人体工程学的原理,通过对人体结构模型的简化得来的,腰、肩、肘、腕等关节在工业机器人中也有体现。机器人关节由一系列驱动、传动部件组成,通过带动连杆运动,最终使末端执行器到达作业位置。如图 2-12 所示,六轴机器人 1 轴腰转关节、2 轴肩关节、3 轴肘关节组成了连接臂部的三个关节,它们决定了机器人腕部在空中的位置和作业范围,称为定位关节;机器人腕部有 4 轴、5 轴、6 轴三个关节,通常 4 轴和 5 轴关节的轴线垂直相交,5 轴和 6 轴关节的轴线垂直相交,用于改变手腕的方向和姿态,它们被称为定向关节。

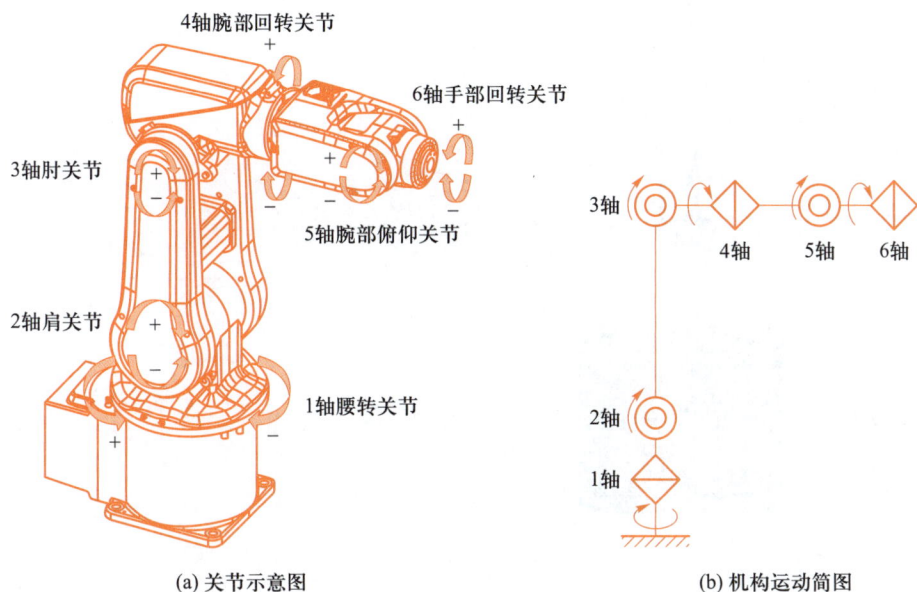

(a) 关节示意图　　　　　　　(b) 机构运动简图

图 2-12　六轴机器人关节及机构运动简图

根据前文可知,对于工业机器人,关节也是一种运动副,它是允许工业机器人各执行构件之间发生相对运动的连接。工业机器人最常用的两种关节是移动关节和转动关节,如图 2-13 所示,移动关节可近似视为移动副,通常用 P 表示;转动关节可近似视为转动副,通常用 R 表示。

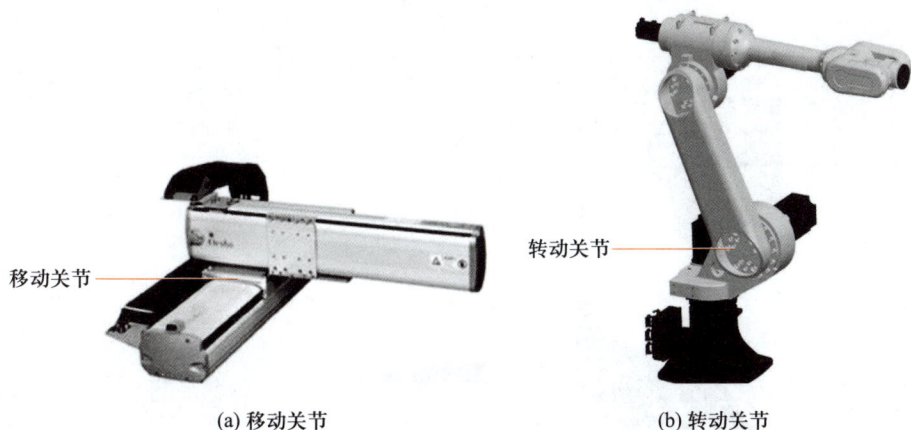

(a) 移动关节　　　　　　　　(b) 转动关节

图 2-13　工业机器人的移动关节和转动关节

为了简化工业机器人机构的表达,使得工业机器人的运动学和动力学问题

研究更加方便,常用特定的图形符号表示工业机器人的各种关节和机构,绘制机构运动简图。常用的各种图形符号见表 2-2。

表 2-2　工业机器人机构运动简图图形符号

名称	实物图	符号	参考运动方向
移动关节			
回转关节			
旋转关节			
球关节			
夹持机构			

续表

名称	实物图	符号	参考运动方向
机座			

2.2.3 工业机器人的典型机构

1. 典型机构构型

如果组成机构的每个构件都至少连接两个运动副,构成首末封闭的系统,则称为闭式链机构;如果机构中存在只连接一个运动副的构件,则称为开式链机构。运动链机构简图如图 2-14 所示。由开式链机构构成的机器人称为串联机器人,完全由闭式链机构组成的机器人称为并联机器人,如图 2-15 所示。

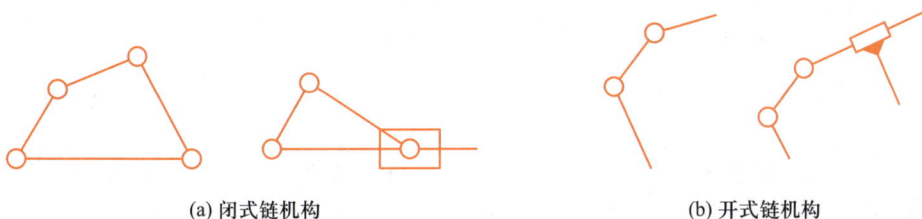

(a) 闭式链机构　　　　　　　　　　(b) 开式链机构

图 2-14 运动链机构简图

(a) 串联机器人　　　　　　　(b) 并联机器人

图 2-15 串联机器人和并联机器人

（1）串联型机构

目前,工业上常用的机器人机构多为开式链机构,机器人由一系列的连杆通过关节顺序串联而成,臂部的组合形式决定了机械臂的作业范围。为了实现末端执行器(详见第 5 章)运动到空间中的某点,工业机器人可有不同的机构类型,下面分别介绍几种典型的串联型机构。

1）直角坐标型机构。直角坐标型机构的 3 个关节都是 P 型移动关节,关节的轴线相互垂直,移动的方向是沿着笛卡儿坐标系的 x、y、z 轴方向,如图 2-16 所示。这种机构类型简单,运动速度快,定位精度高,有效工作范围大;缺点是尺寸较大,且导轨面的护理比较困难。由于其结构稳定性较好,多采用大型龙门式或框架式结构,能够完成大型负载的搬运工作。

2）圆柱坐标型机构。圆柱坐标型机构有两个 P 型移动关节和一个 R 型转动关节,如图 2-17 所示。这种机构类型较简单,运动范围大,占地面积小,运动直观性强,并且能达到较高的定位精度。1.2.1 节中提及的 Verstran 机器人是这类机构的首例应用。

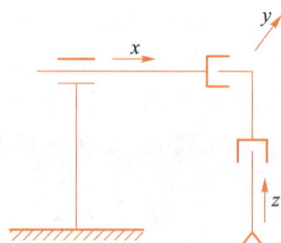

动画
圆柱坐标型
机构

图 2-16　直角坐标型机构运动简图　　图 2-17　圆柱坐标型机构运动简图

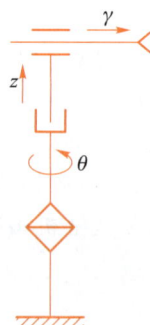

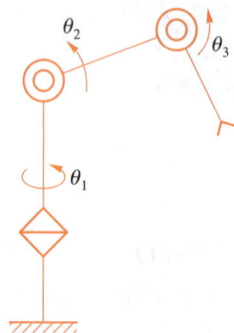

3）球(极)坐标型机构。球(极)坐标型机构具有一个 P 型移动关节,两个 R 型转动关节,如图 2-18 所示。它的优点是运动灵活,运动范围大且占地面积小,但结构较复杂,定位精度较低,运动直观性差。1.2.1 节中提及的 Unimate 机器人是这类机构的典型代表。

4）关节坐标型机构。如图 2-19 所示,关节坐标型机构有 3 个 R 型转动关节,是 6 轴串联机器人前 3 轴的最常见结构。这种结构也叫拟人臂,它由机座、大臂、前臂和末端执行器组成。其中大臂和机座构成具有转动功能的肩关节,大臂和前臂构成具有转动功能的肘关节。它的特点是结构紧凑,工作范围大且安装占地面积小;其缺点是坐标计算和运动控制比较复杂,且较难达到高精度定位的要求。

微课
关节坐标型
机构

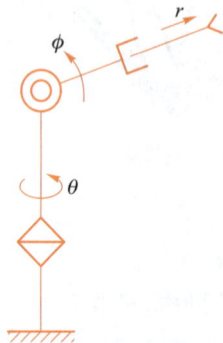

图 2-18　球(极)坐标型机构运动简图　　图 2-19　关节坐标型机构运动简图

5）SCARA 型机构。SCARA 型机构有 3 个 R 型转动关节,它们的轴线相互平行,可在平面内进行定位和定向;另外它还有一个 P 型移动关节,可实现末端执行器在垂直方向上的运动,如图 2-20 所示。这种臂部机构动作灵活,速度快,定位精度高,能简单、迅速地完成平面内的动作,故多用于装配和分拣作业。

6)平行四连杆机构。图 2-21 所示为工业码垛机器人中典型的平行四连杆机构。图 2-22 所示为其机构简图,由 *AB*、*BC*、*CD*、*AD* 四杆组成。该机构的优点在于,机器人无论空载还是负载,在工作范围内的任何位置都可以随意停下并保持静止不动,即达到随遇平衡状态。

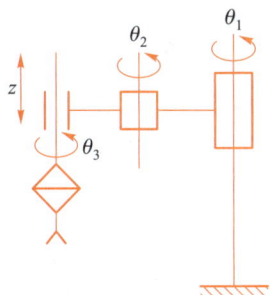

图 2-20　SCARA 型
机构运动简图

图 2-21　工业码垛机器人中典型的
平行四连杆机构

（2）并联型机构

在并联机器人机构体系中,机器人的臂部是以并联方式驱动的一种闭式链机构。图 2-23 所示是 4 自由度的 Delta 并联机器人,静平台、动平台之间通过三条相同的运动链连接,它们构成了并联机器人的臂部,每条运动链中都有一个由连杆和球铰组成的平行四边形闭环机构,此闭环机构又叫从动臂,它连接了动平台和主动臂,主动臂和静平台之间通过旋转副连接。三个平行四边形保证了动平台与静平台可以始终保持平行,使

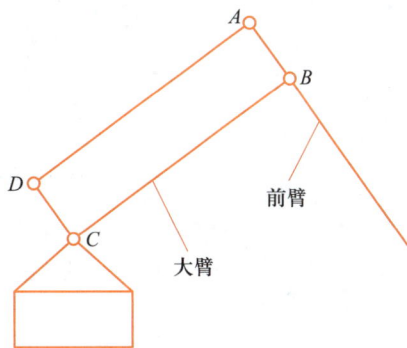

图 2-22　工业码垛机器人机构简图

机构拥有沿空间 *x*、*y*、*z* 三个方向运动的自由度。此外,末端执行器还可以绕着动平台轴线旋转,构成第 4 个旋转的自由度。该类机构具有刚度高、速度快、柔性强等优点,使并联机器人在食品、医药、电子等轻工业中应用最为广泛,在物料的搬运、包装、分拣等方面有着突出的优势。

2. 工业机器人的机座安装形式

对于工业机器人本体来说,需要有一个便于安装的基础部件,即机器人的机座。机座必须具有足够的刚度和稳定性,安装形式主要有固定式和移动式两类。

（1）固定式机座

固定式机座的结构比较简单,机器人固定于地面使用,安装方法分为直接地面安装、架台安装和底板安装三种,如图 2-24 所示。

微课

SCARA 型
机构

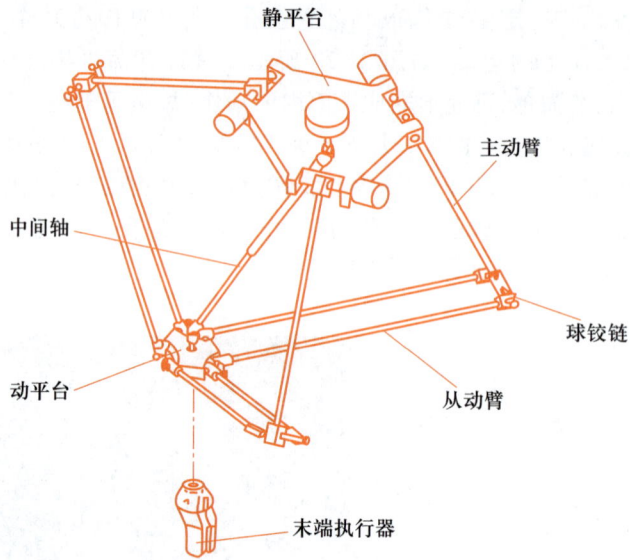

图 2-23　Delta 并联机器人

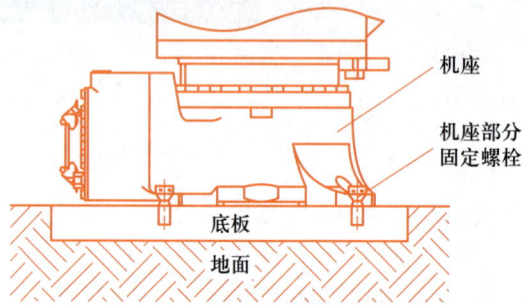

静平台
主动臂
中间轴
球铰链
动平台
从动臂
末端执行器

机座
机座部分固定螺栓
底板
地面

(a) 机座直接安装在地面上

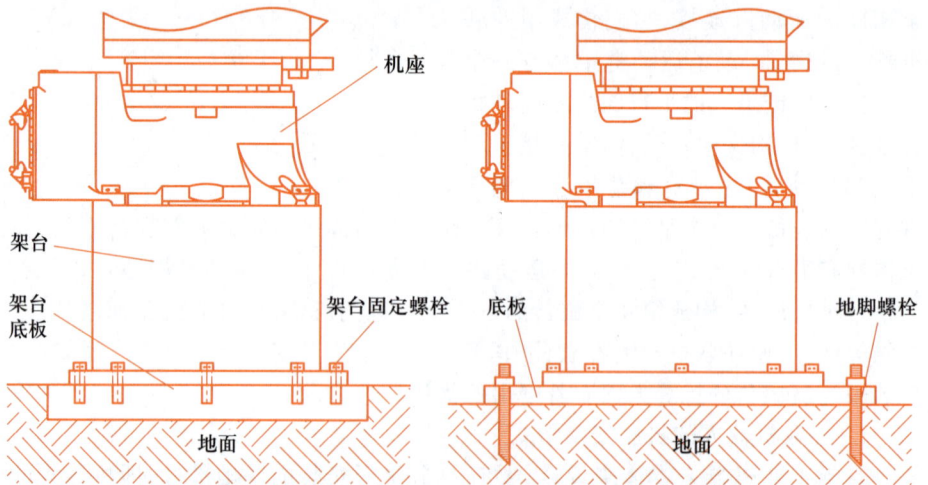

机座
架台
架台底板
架台固定螺栓
地面

(b) 架台安装在地面上

底板
地脚螺栓
地面

(c) 底板安装在地面上

图 2-24　固定式机座

（2）移动式机座

工业机器人的机座也可以安装在导轨上。在航空航天等领域的大型产品的制造过程中,产品通常移动不便,采用专用、固定机座的工业机器人并不经济,移动式机座是更好的选择。机座可移动的工业机器人可以在多个不同的位置上完成作业任务,所需的编程时间较短,能够提高机器人的工作效率和柔性。移动式机座安装方式可分为龙门式和地轨式,如图 2-25所示。

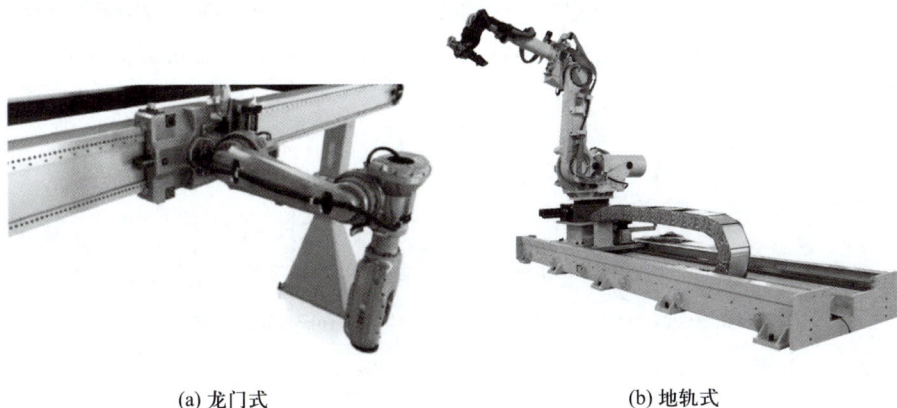

(a) 龙门式   (b) 地轨式

图 2-25　移动式机座安装方式

3. 工业机器人的腕部

（1）腕部的作用及运动方式

关节机器人的腕部是连接末端执行器和臂部的部件,它起到支承末端执行器和改变末端执行器姿态的作用。

工业机器人一般要有 6 个自由度才能使末端执行器达到目标位置和处于期望姿态。为了使末端执行器能够朝向空间任意方向,一般要求腕部能够实现绕空间直角坐标系 3 个坐标轴 x、y、z 的转动,即具有偏转、俯仰和回转 3 个自由度,如图 2-26 所示。回转关节简称为 R（Roll）关节,它把手臂轴线和手腕关节轴线构成共轴形式。这种 R 关节旋转角度大,可达到 360°以上;折曲关节简称为 B（Bend）关节,它的关节轴线与前后两个连接件的轴线相垂直。这种 B 关节因为受到结构上的干涉,旋转角度小,大大限制了方向角。通常,根据自由度数或者构型对工业机器人的腕部进行分类。

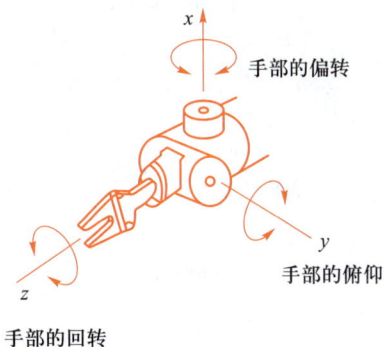

图 2-26　工业机器人腕部自由度形式

（2）腕部按照自由度数分类

腕部按自由度数可分为单自由度手腕、2 自由度手腕和 3 自由度手腕。手腕自由度的选用与机器人的通用性、加工工艺要求、工件放置方位和定位精度等许多因素有关。如图 2-27 所示,一般腕部带有一个自由度的回转关节或再增加一个俯仰关节即可满足工作的要求。也有的专用机器人没有腕部运动,若有特殊的要求还可以增加手腕左右摆动或沿轴方向的横向移动。

　　如图 2-28 所示,3 自由度手腕可以由 B 关节和 R 关节组成许多种形式。图 2-28(a)所示是常见的 BBR 手腕,它使手部可以俯仰、偏转和回转运动,两个 B 关节安装在一个十字接头上,手腕结构紧凑,大大减小了手腕纵向尺寸。图 2-28(b)所示是一个 B 关节和两个 R 关节组成的 BRR 手腕,为了不使自由度退化,第一个 B 关节必须进行如图所示的偏置。图 2-28(c)所示是三个 R 关节组成的 RRR 手腕,它也可以实现手部偏转和回转运动。图 2-28(d)所示是 RBR 手腕,这种手腕结构的三条轴线相交于一点,是目前主流机器人采用的手腕结构。

(a) 2自由度手腕   (b) 3自由度手腕

图 2-27　工业机器人 2 自由度手腕和 3 自由度手腕

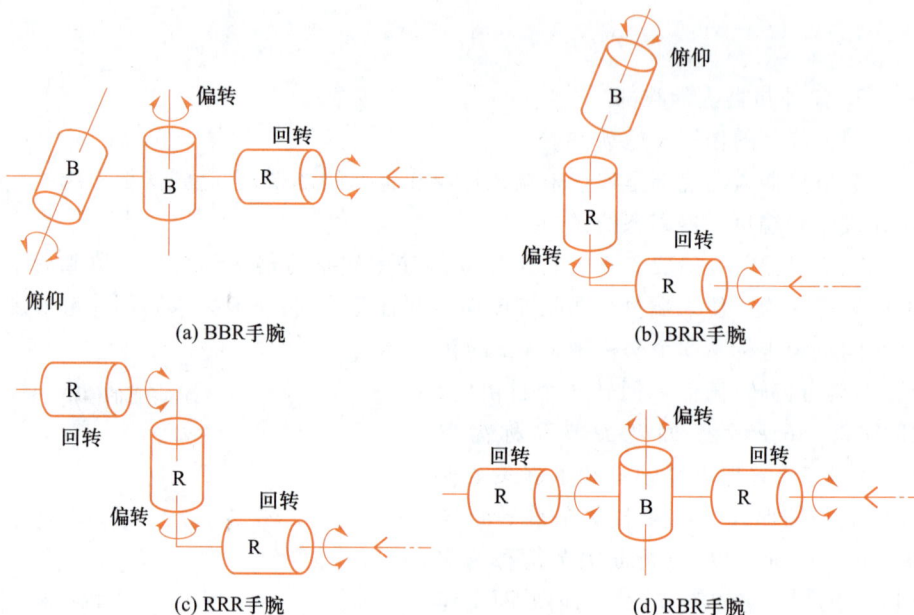

(a) BBR手腕   (b) BRR手腕

(c) RRR手腕   (d) RBR手腕

图 2-28　3 自由度手腕

（3）腕部按照构型分类

　　腕部按照构型的不同可以分成两类:球形手腕和非球形手腕。

　　1）球形手腕。球形手腕结构的三条关节轴线相交于一点。根据两相邻关节轴线的相互位置关系又可分为两相邻关节轴线相互垂直的正交球形手腕和两相邻关节轴线成非 90°交角的斜交球形手腕。图 2-29 所示为正交球形手腕。图 2-30 所示为斜交球形手腕结构。

　　2）非球形手腕。非球形手腕的三条关节轴线不是相交于一点,而是相交于两点,如图 2-31 所示,按照与球形手腕相似的分类方法,非球形手腕也可以分为两相邻关节轴线相互垂直的正交非球形手腕和两相邻关节轴线成非 90°交角的斜交非球形手腕。非球形手腕克服了机械结构的局限性，每个关节转动角度能达到360°以上，扩大了手腕的工作空间，故这种结构常被用在喷涂机器人中。

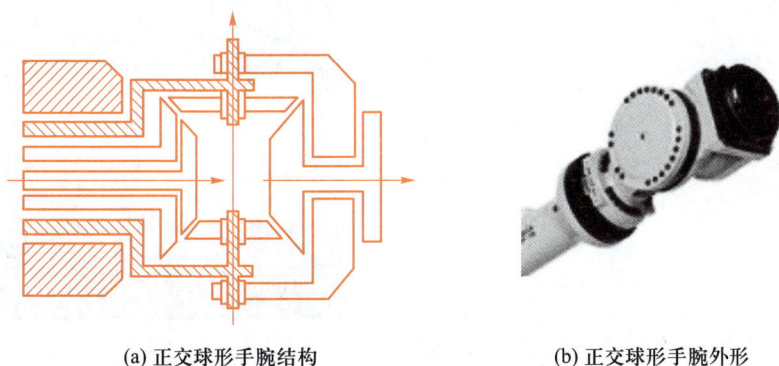
(a) 正交球形手腕结构   (b) 正交球形手腕外形

图 2-29　正交球形手腕

图 2-30　斜交球形手腕结构

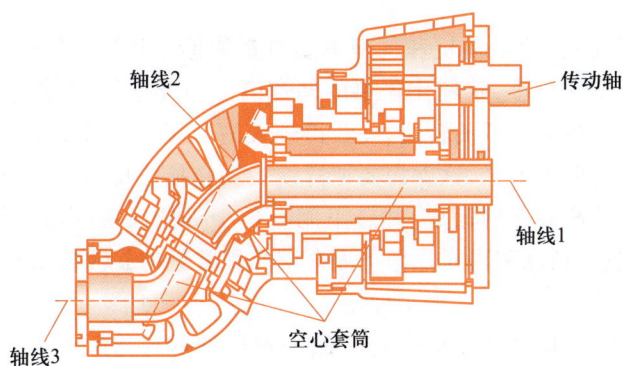

图 2-31　斜交非球形手腕结构

图 2-32 所示是一种喷涂机器人，它具有非中空结构的正交非球形手腕，扩大了手腕的工作空间，使得末端执行器能伸进轿车后备厢、车轮轮毂等狭窄的地方进行喷涂作业。其缺陷是手腕采用非中空结构，油漆管、溶剂管等只能裸露在外面，不便于维护和保持整洁。

图 2-33 所示是具有中空结构的斜交非球形手腕工业机器人。这种结构使得油漆管、溶剂管等可以通过机器人的小臂、手腕直接接到末端执行器的后端，而且保证手腕实现在空间 3 自由度转动过程中内部管线不会打结或折断。

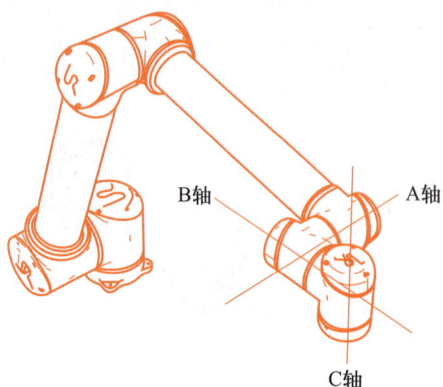

图 2-32 正交非球形手腕喷涂机器人   图 2-33 斜交非球形手腕工业机器人

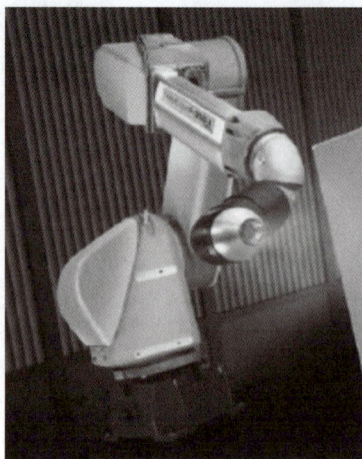

2.3   工业机器人的传动方式

工业机器人的传动装置与一般机械的传动装置的选用和计算方法大致相同。但工业机器人的传动系统要求结构紧凑,重量轻,转动惯量和体积小,最大限度降低传动间隙,提高运动和位置精度。工业机器人的传动方式分为旋转传动和直线传动两种方式。其中,旋转传动包括齿轮传动、蜗轮蜗杆传动、同步带传动等;直线传动包括齿轮齿条传动和滚珠丝杠传动等。

2.3.1   旋转传动

多数普通交、直流电动机和伺服电动机都能够直接产生旋转运动,但其输出力矩比需要的力矩小,转速比需要的转速高。因此,需要采用各种传动装置把较高的转速转换成较低的转速,并获得较大的力矩。有时也采用直线液压缸或直线气缸作为驱动方式,这就需要把直线运动转换成旋转运动。这种运动的传递和转换必须高效率地完成,并且不能有损于机器人系统需要的特性,特别是定位精度、重复精度和可靠性。下面介绍几种常见的旋转传动方式。

1. 齿轮传动

齿轮传动是机械传动中应用最广的一种传动形式。齿轮传动的主要特点是效率高、结构紧凑、工作可靠、寿命长,传动比稳定,但制造精度和安装精度要求较高,否则噪声较大,齿轮承载能力将会降低。

(1) 齿轮链

齿轮链是由两个或两个以上的齿轮组成的传动机构,它不但可以传递运动角位移和角速度,而且可以传递力和力矩。属于齿轮链传动的几种常见的齿轮传动类型如图 2-34 所示。

工业机器人中也常采用齿轮链的形式进行动力的传递,如图 2-35 和图 2-36 所示,关节 2 电动机通过联轴器将动力传递到一对圆锥齿轮 Z_5 和 Z_6,Z_6 通过传动轴将动力传递到啮合的圆柱齿轮 Z_7 和 Z_8,Z_8 再通过传动轴将动力传递给齿

轮 Z_9，齿轮 Z_9 带动与立柱固联的齿轮 Z_{10} 转动，从而带动大臂相对于立柱的转动。

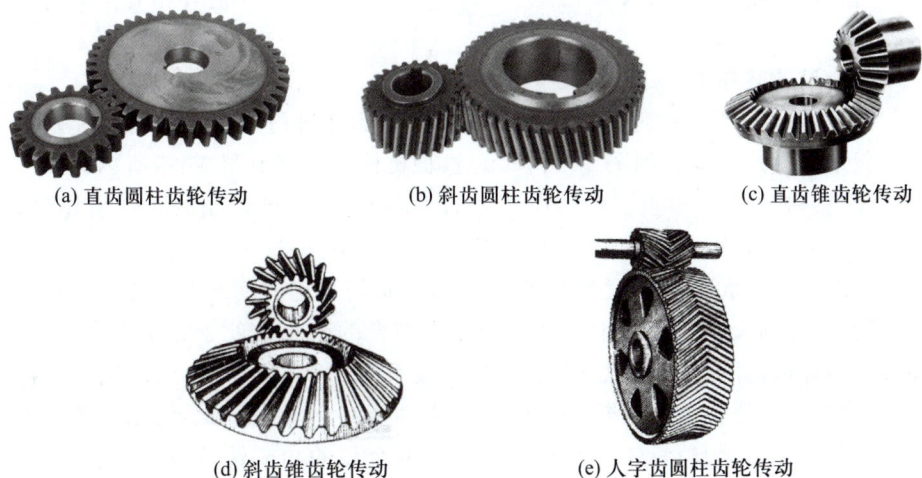

(a) 直齿圆柱齿轮传动　　(b) 斜齿圆柱齿轮传动　　(c) 直齿锥齿轮传动

(d) 斜齿锥齿轮传动　　(e) 人字齿圆柱齿轮传动

图 2-34　几种常见的齿轮传动类型

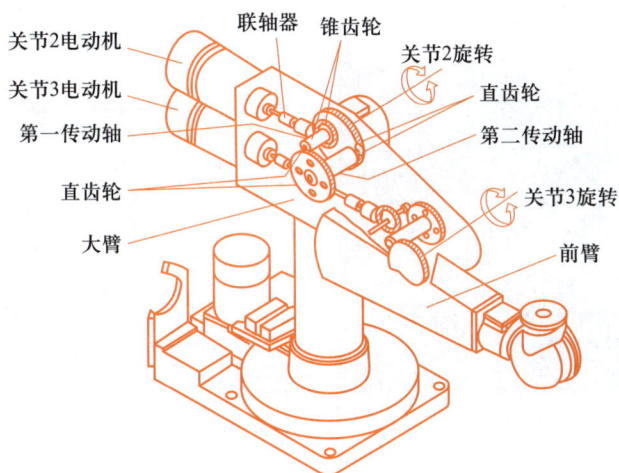

图 2-35　PUMA 562 机器人臂部传动内部结构示意图

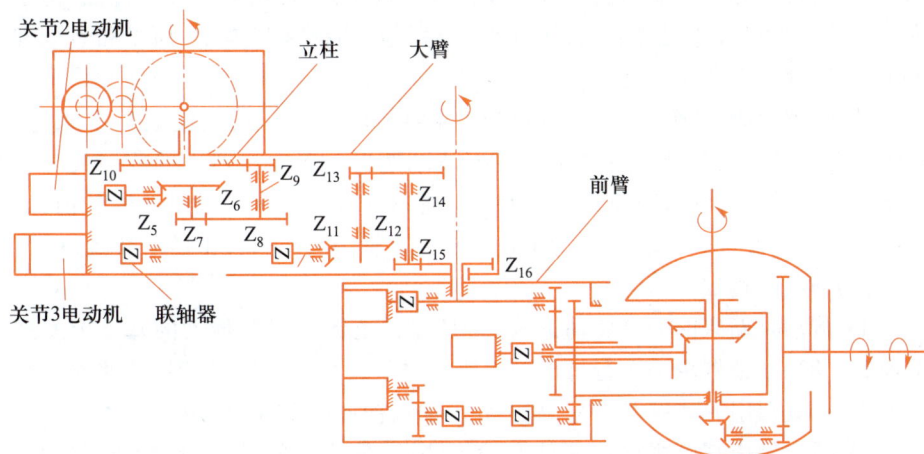

图 2-36　PUMA 562 机器人机械传动原理图

PPT
机器人常用
的减速器

关节3电动机通过两个联轴器将动力传递到一对圆锥齿轮 Z_{11} 和 Z_{12}，Z_{12} 通过传动轴将动力传递给啮合的圆柱齿轮 Z_{13} 和 Z_{14}，Z_{14} 再将动力传递给同轴的齿轮 Z_{15}，最后齿轮 Z_{15} 带动固联于前臂上的齿轮 Z_{16}，从而驱动前臂相对于大臂的转动。

（2）谐波减速器

谐波减速器是一种利用柔性构件的弹性变形波进行运动和动力传递及变换的新型齿轮减速器。如图 2-37 所示，这种机构由三部分组成：带有内齿圈的刚性齿轮（刚轮），它相当于行星齿轮中的中心轮；带有外齿圈的柔性齿轮（柔轮），它相当于行星齿轮；波发生器，它相当于行星架。

如图 2-38 所示，当波发生器装入柔轮后，迫使柔轮的剖面由原先的圆形变成椭圆形，椭圆长轴两端的柔轮部分和与之配合的刚轮齿处于完全啮合状态，即柔轮的外齿与刚轮的内齿沿齿高啮合。工作时，固定刚轮，由电动机带动波发生器转动，柔轮作为从动轮，输出转动，带动负载运动；由于柔轮比刚轮少两个齿，所以柔轮沿刚轮每转一圈就反向转过两个齿的相应转角，从而减速器将输入的高速转动变为输出的低速转动，并且实现加大的减速比。

图 2-37　谐波减速器的结构

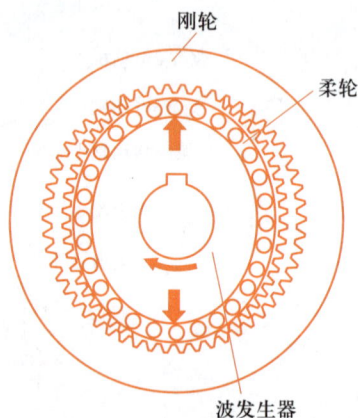

图 2-38　谐波减速器的工作原理图

谐波减速器相对于其他减速器，体积更小、重量更轻、传动平稳、无噪声、运动精度高，且具有承载能力高、传动比大、传动效率高、使用寿命长等优点，但是由于柔轮承受较大的交变载荷，因而对柔轮材料的抗疲劳强度、加工和热处理要求较高，制造工艺比较复杂。

目前，谐波减速器已在世界范围内得到了广泛的应用。仅就日本来说，60%的工业机器人驱动装置都采用了谐波减速器。工业机器人的旋转关节有60%～70%都用到谐波减速器。一般谐波减速器被放置在工业机器人的前臂、腕部或手部位置，图 2-39 所示为工业机器人 5 轴腕关节组件中的谐波减速器。

（3）RV 减速器

RV 传动是新兴的一种传动形式，它是在传统针摆行星传动的基础上发展出来的。RV 减速器由一个行星齿轮减速器的前级和一个摆线针轮减速器的后级组成，是最常用的减速器之一，其主要内部结构如图 2-40 所示。

RV 减速器内部的主要零部件有输出法兰、输入齿轮轴、直齿轮、曲轴、RV 齿轮和针轮等，详见表 2-3。

图 2-39 工业机器人 5 轴腕关节组件中的谐波减速器

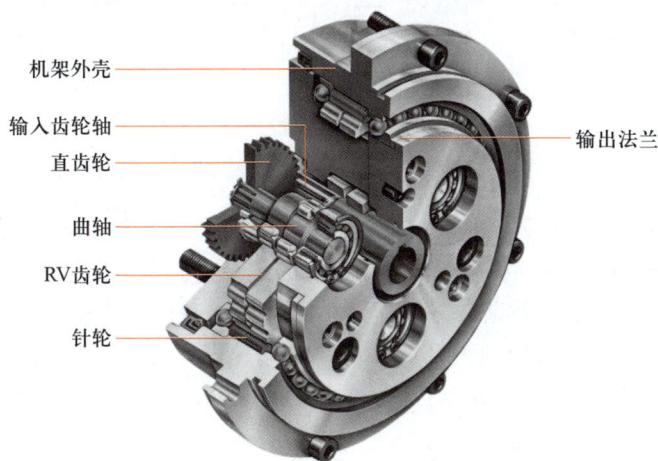

图 2-40 RV 减速器主要内部结构

表 2-3 RV 减速器内部主要零部件介绍

序号	零部件	功能
1	输入齿轮轴	输入齿轮轴用来传递输入功率,且与直齿轮互相啮合
2	直齿轮	属于渐开线行星轮,与曲轴固联,两个行星轮均匀地分布在一个圆周上,起功率分流的作用
3	曲轴	曲轴是 RV 齿轮的旋转轴,它的一端与直齿轮连接,另一端与输出法兰连接,它可以带动 RV 齿轮产生公转,而且又支撑 RV 齿轮产生自转
4	RV 齿轮(摆线轮)	为了实现径向力的平衡在该传动机构中,一般应采用两个完全相同的 RV 齿轮,分别安装在曲柄轴上
5	针轮	针轮与机架固连在一起而成为针轮壳体
6	输出法兰	RV 传动机构与外界从动工作机连接的构件,输出运动或动力

RV 传动过程是由输入齿轮轴将电动机回转运动传递给直齿轮,并按齿数比进行减速,这是第一级减速部分;直齿轮的回转运动传给曲轴,使 RV 齿轮做

偏心运动,机架外壳固定时,RV 齿轮公转,同时由于在公转过程中会受到固定于外壳上的针齿的作用力而形成与 RV 齿轮公转方向相反的力矩,造就了 RV 齿轮的自转运动。最后通过轴承,将自转部分传给输出轴,这是第二级减速部分。RV 减速器传动简图如图 2-41 所示,它具有结构紧凑、传动平稳、运动精度高、回差小、传动比范围大、传动效率高能特点。

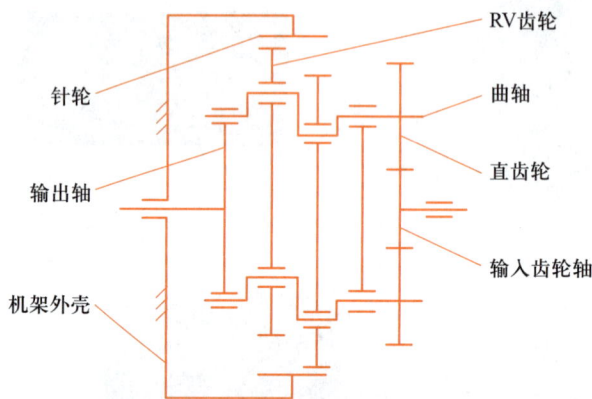

图 2-41 RV 减速器传动简图

大量应用在关节机器人上的减速器主要有两类:RV 减速器和谐波减速器。相比于谐波减速器,RV 减速器具有高得多的抗疲劳强度、刚度,使用寿命更长,而且回差精度稳定,不像谐波减速器那样随着使用时间增长运动精度就会显著降低,故高精度机器人传动大部分采用 RV 减速器。在关节机器人中,一般将 RV 减速器放置在机座、大臂、肩部等重负载的位置,图 2-42 所示为工业机器人 2 轴大臂处的 RV 减速器。

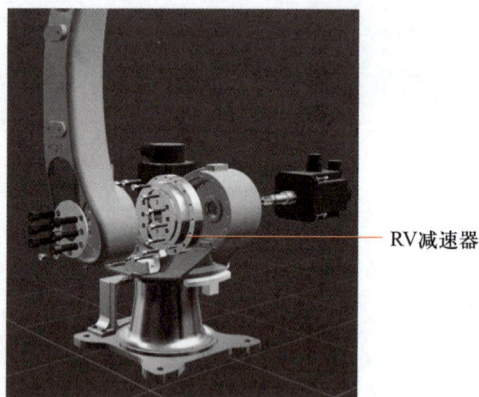

图 2-42 工业机器人 2 轴大臂处的 RV 减速器

（4）行星齿轮传动

行星齿轮传动是指一个或一个以上齿轮的轴线绕另一齿轮的固定轴线回转的齿轮传动,如图 2-43 所示。行星轮既绕自身的轴线回转,又随行星架绕固定轴线回转。太阳轮、行星架和行星轮都可绕共同的固定轴线回转,并可与其他构件连接,承受外加力矩,它们是这种轮系的三个基本件。

工业机器人所使用的传动机构要求质量轻且输出功率大。行星齿轮传动的主要特点是体积小,承载能力大,工作平稳,输入轴和输出轴可以在同一直线上,因此在工业机器人传动机构中被广泛采用。

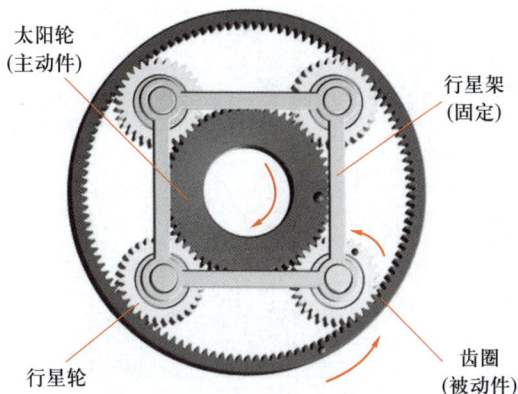

图 2-43 行星齿轮传动的一种形式

2. 蜗轮蜗杆传动

蜗轮蜗杆传动是在空间交错的两轴间传递运动和动力的一种传动机构,它由蜗杆和蜗轮组成,两轴线交错的夹角可为任意值,常用 90°。

根据蜗杆的不同形状,蜗轮蜗杆传动可以分为圆柱蜗杆传动、环面蜗杆传动和锥蜗杆传动,如图 2-44 所示,其中圆柱蜗杆传动应用最广。

(a) 圆柱蜗杆传动   (b) 环面蜗杆传动   (c) 锥蜗杆传动

图 2-44 蜗轮蜗杆传动的分类

图 2-45 所示为采用蜗轮蜗杆传动的手臂升降机构。电动机带动蜗杆转动,蜗杆带动蜗轮转动,依靠蜗轮内孔的螺纹带动丝杠做升降运动,实现手臂的升降。在丝杠上端铣有花键,与固定在箱体上的花键套组成导向装置,防止丝杠的转动。

蜗轮蜗杆传动具有结构紧凑、带有自锁性、传动比大、传动平稳、噪声小等优点,但是它的传动效率比齿轮传动低,一般只有 0.7~0.9,尤其是具有自锁性的蜗轮蜗杆传动,其效率在 0.5 以下。它的另外一个缺点是传动发热量大,导致齿面容易磨损。

3. 同步带传动

同步带传动机构是由一条内周表面设有等间距齿的环形带和具有相应齿的带轮组成的。运行时,带齿与带轮的齿槽相啮合,传递运动和动力,它是综合了带传动、链传动、齿轮传动各自优点的传动形式。图 2-46 所示为工业机器人腕关节组件中的同步带机构,依靠同步带齿与同步带轮齿之间的啮合传递运动,带轮与同步带之间没有相对滑动,从而使圆周速度同步。

PPT 带传动的原理及特点

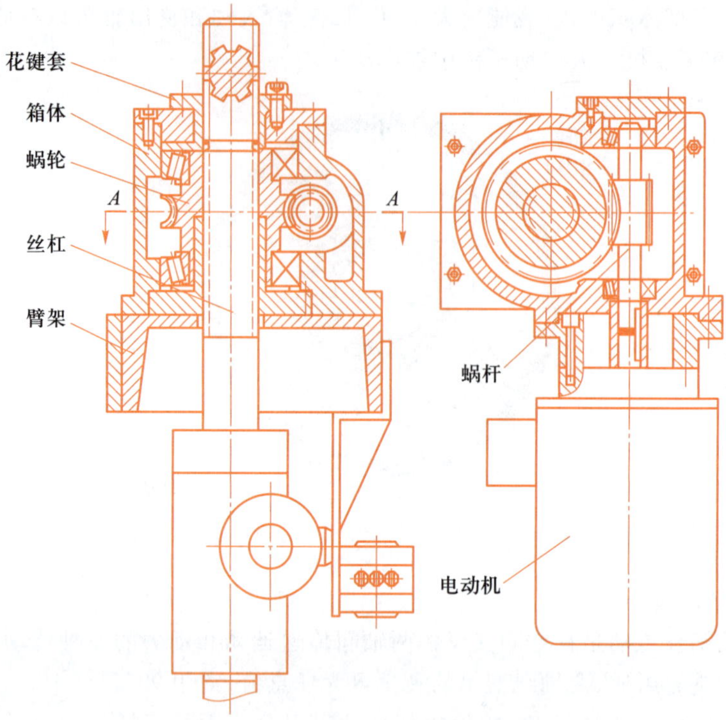
花键套
箱体
蜗轮
A
A
丝杠
臂架
蜗杆
电动机

图 2-45 采用蜗轮蜗杆传动的手臂升降机构

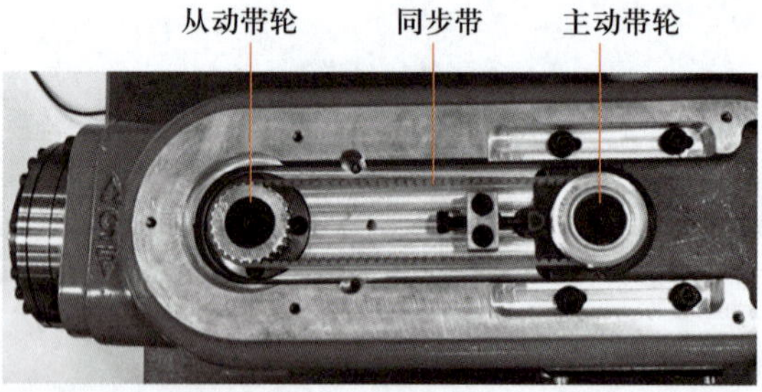
从动带轮
同步带
主动带轮

图 2-46 工业机器人腕关节组件中的同步带机构

同步带传动机构的结构比较简单，传动平稳，冲击小，适用于精密传动。它能够保持准确的传动比，传递功率范围大，允许的线速度范围大，无须润滑，省油且无污染。

2.3.2 直线传动

从 2.2.3 节中可以了解到，直角坐标、圆柱坐标、球坐标、SCARA 机器人中都采用了直线运动机构。直线运动可以直接由气缸或液压缸和活塞产生，也可以采用齿轮齿条、滚珠丝杠、螺母等传动元件把旋转运动转换成直线运动。

1. 齿轮齿条传动

齿轮齿条传动是将齿轮的回转运动转变为齿条的往复直线运动，或将齿条的往复直线运动转变为齿轮的回转运动。齿条分直齿齿条和斜齿齿条，图 2-47 所示为直齿圆柱齿轮齿条和斜齿圆柱齿轮齿条。

图 2-48 所示是采用倍增机构的伸缩臂，活塞杆带动齿轮沿固定齿条滚动，从而带动伸缩臂产生伸缩运动。采用这种机构的手臂运行速度和行程都比驱

动活塞杆的速度和行程增大了一倍。

图 2-47 齿轮齿条

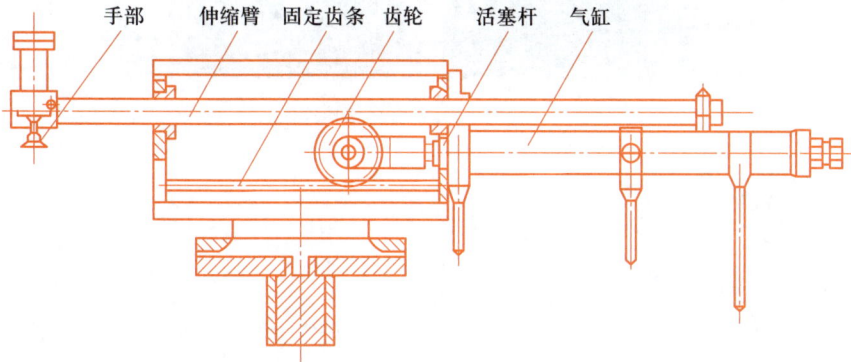

图 2-48 采用倍增机构的伸缩臂

2. 滚珠丝杠传动

滚珠丝杠是工具机械和精密机械上最常用的传动元件,其主要功能是将旋转运动转换成线性运动,或将扭矩转换成轴向反复作用力。如图2-49所示,它由丝杠、螺母、滚珠、滚珠回程引导装置组成。当丝杠转动时,滚珠沿螺纹滚道滚动。为防止滚珠从滚道端面掉出,在螺母的螺旋槽两端设有滚珠回程引导装置,构成滚珠的循环返回通道,从而形成滚珠滚动的闭合路径。

(a) 滚珠丝杠实物图　　　　(b) 内部结构示意图

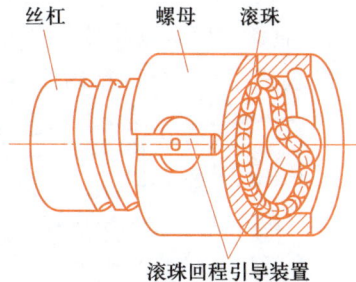

图 2-49 滚珠丝杠

当丝杠作为主动工件时,螺母就会随丝杠的转动角度按照对应规格的导程做直线运动。被动工件可以通过螺母座和螺母连接,从而实现被动工件的直线运动。

　　滚珠丝杠机构虽然结构复杂,但是其兼具高精度、可逆性和高效率的特点,因此在工业机器人系统中得到广泛应用。图 2-50 所示为码垛机器人中滚珠丝杠的应用。

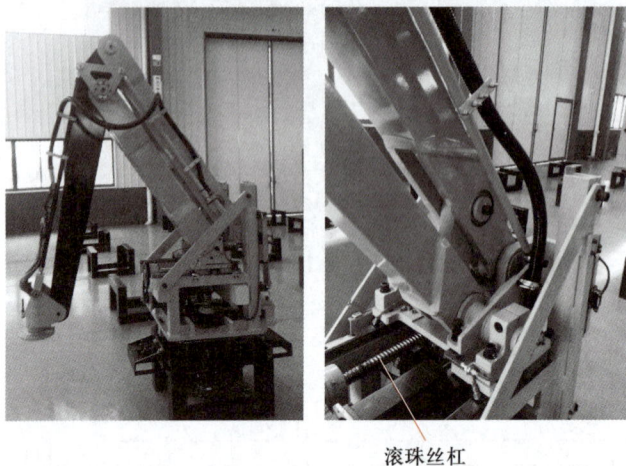

滚珠丝杠

图 2-50　码垛机器人中滚珠丝杠的应用

2.4　工业机器人的驱动方式

　　工业机器人的驱动方式,按动力源分为电动机驱动、液压驱动和气压驱动三类。三类基本驱动系统各有特点,也可根据需要将它们组合成复合式的驱动系统。

2.4.1　电动机驱动

　　电动机驱动是现代工业设备的主要驱动方式,分为普通交、直流电动机驱动,交、直流伺服电动机驱动,步进电动机驱动、直线电动机驱动。

　　1)普通交、直流电动机驱动需要加减速传动装置,输出力矩大,但控制性能差,惯性大,适用于中型或重型机器人。

　　2)交、直流伺服电动机驱动用于闭环控制系统,输出力矩相对小,控制性能好,可实现速度和位置的精确控制,适用于中小型机器人,如图 2-51 所示。

PPT
工业机器人
电机驱动
方式

交流伺服电动机

图 2-51　带有交流伺服电动机的工业机器人

3）步进电动机驱动用于开环控制，一般用于对速度和位置要求不高的场合，工业机器人很少使用。

4）直线电动机及其驱动控制系统在技术上已日趋成熟，已具有传统驱动－传动装置无法比拟的优越性能，适用于非常高速和非常低速、高加速度、高精度要求的场合，无空回，磨损小，结构简单，无须减速器等传动装置。鉴于并联机器人中有大量的直线驱动需求，因此直线电动机在并联机器人领域得到了广泛应用，如图 2-52 所示。

直线电动机

图 2-52　直线电动机在并联机器人上的应用

由于电动机使用方便，且随着材料性能的提高，电动机性能也逐渐提高，总体看来，机器人关节驱动将逐渐普遍采取电动式。

2.4.2　液压驱动

液压驱动是由高精度的缸体和活塞一起完成的。活塞和缸体采用滑动配合，压力油从液压缸的一端进入，把活塞推向液压缸的另一端，调节液压缸内部活塞两端的液体压力和进入液压缸的油量即可控制活塞的运动。液压驱动适用于在承载要求大、惯量大的机器人中。如图 2-53 所示为国产全液压重载机器人，其大跨度的承载可达到 2 000 kg，机器人的活动半径可达到近 6 m，应用在铸锻行业中。

图 2-53　国产全液压重载机器人

机器人采用液压驱动系统，有以下几个优点：

1）液压容易达到较高的单位面积压力（常用油压为 2.5～6.3 MPa），体积较小（与气动相比），可以获得较大的推力或转矩。

2）液压系统介质的可压缩性小，工作平稳可靠，并可得到较高的位置精度。

3）液压传动中,力、速度和方向比较容易实现自动控制。

4）液压系统采用油液作介质,具有防锈性和自润滑性能,可以提高机械效率,使用寿命长。

液压传动系统的不足之处是:

1）油液的黏度随温度变化而变化,这将影响工作性能。高温容易引起燃烧、爆炸等危险。

2）要求液压元件有较高的精度和质量,必须解决液体泄漏问题,故造价较高。

3）工作液体对污染很敏感,污染后的工作液体对液压元件的危害很大,因此液压系统的故障比较难查找,对操作、维修人员的技术水平有较高要求。

2.4.3　气压驱动

气压驱动具有速度快、系统结构简单、维修方便、价格低等优点。但是由于气压装置的工作压强低,不易精确定位,一般仅用于工业机器人末端执行器的驱动。气动手爪、旋转气缸和气动吸盘作为末端执行器可用于中、小负荷的工件抓取和装配。图2-54所示为气动吸盘和机器人气动手爪。

图2-54　气动吸盘和机器人气动手爪

思考与练习题

1. 填空题

（1）工业机器人通常由_____、_____和_____三部分组成。

（2）在工业机器人技术中,执行机构指的是_____,也称机械臂、操作机,是机器人完成工作任务的实体。

（3）_____是连接手部和臂部的机构,其作用是调整或改变手部姿态,是执行机构中结构最复杂的部分。

（4）_____是机器人的基础部分,起支撑作用,有固定式和移动式两种,该部件必须具有足够的刚度、强度和稳定性。

（5）机构中每一个独立的运动单元称为一个_____,如破碎机机构中的曲柄、摇杆、连杆、机架。

2. 选择题

（1）圆柱坐标机器人有 m 个 P 型移动关节和 n 个 R 型转动关节，m,n 为（　）。

    A. 2,2　　　　　　B. 1,2　　　　　　C. 2,3　　　　　　D. 2,1

（2）图 2-55 所示机构运动简图表示（　）。

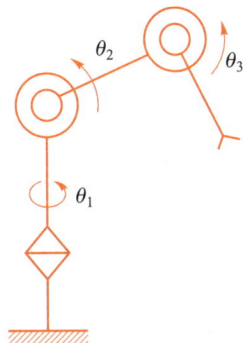

图 2-55

    A. 直角坐标型机构　　　　　　　　B. 关节坐标型机构

    C. 链式机构　　　　　　　　　　　D. SCARA 型机构

（3）图 2-56 所示手腕机构运动简图的 3 个自由度，从左到右分别是（　）。

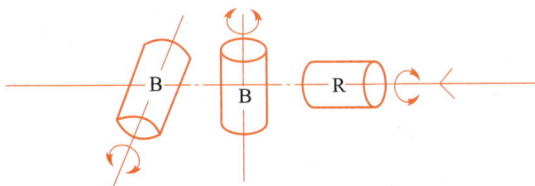

图 2-56

    A. 俯仰、偏转、回转　　　　　　　B. 偏转、俯仰、回转

    C. 回转、偏转、回转　　　　　　　D. 偏转、回转、回转

（4）（　）是工具机械和精密机械上最常使用的传动元件，其主要功能是将旋转运动转换成线性运动，或将扭矩转换成轴向反复作用力。

    A. 齿轮齿条　　　B. 同步带　　　C. 滚珠丝杠　　　D. 蜗轮蜗杆

（5）（　）电动机驱动需要加减速传动装置，输出力矩大，但控制性能差，惯性大，适用于中型或重型机器人。

    A. 步进　　　　B. 交、直流伺服　　C. 直线　　　　D. 普通交、直流

3. 简答与分析题

（1）简述工业机器人驱动方式。

（2）简述工业机器人的机座安装形式。

思考与练习题
答案

第3章　运动学与动力学

思维导图

运动学与动力学
- 工业机器人的技术参数
  - 自由度
  - 工作空间
  - 运动学参数
  - 负载参数
  - 精确度参数
- 工业机器人运动学
  - 工业机器人位姿
    - 坐标系基础
    - 位置与平移
    - 姿态与旋转
  - 齐次变换与Denavit-Hartenberg建模方法
    - 齐次坐标
    - 齐次坐标变换
    - Denavit-Hartenberg建模方法
  - 运动学的正逆解
    - 正运动学问题
    - 逆运动学问题
  - 雅可比矩阵
  - 奇异点与冗余
    - 运动学奇异点
    - 冗余分析
- 工业机器人静力学和力雅可比矩阵
  - 工业机器人静力和力矩的平衡
  - 工业机器人力雅可比矩阵
  - 工业机器人静力学问题求解
- 工业机器人动力学分析
  - 工业机器人动力学方程
    - 拉格朗日函数
    - 拉格朗日方程
    - 用拉格朗日法建立工业机器人动力学方程
  - 2自由度平面关节型机构动力学方程

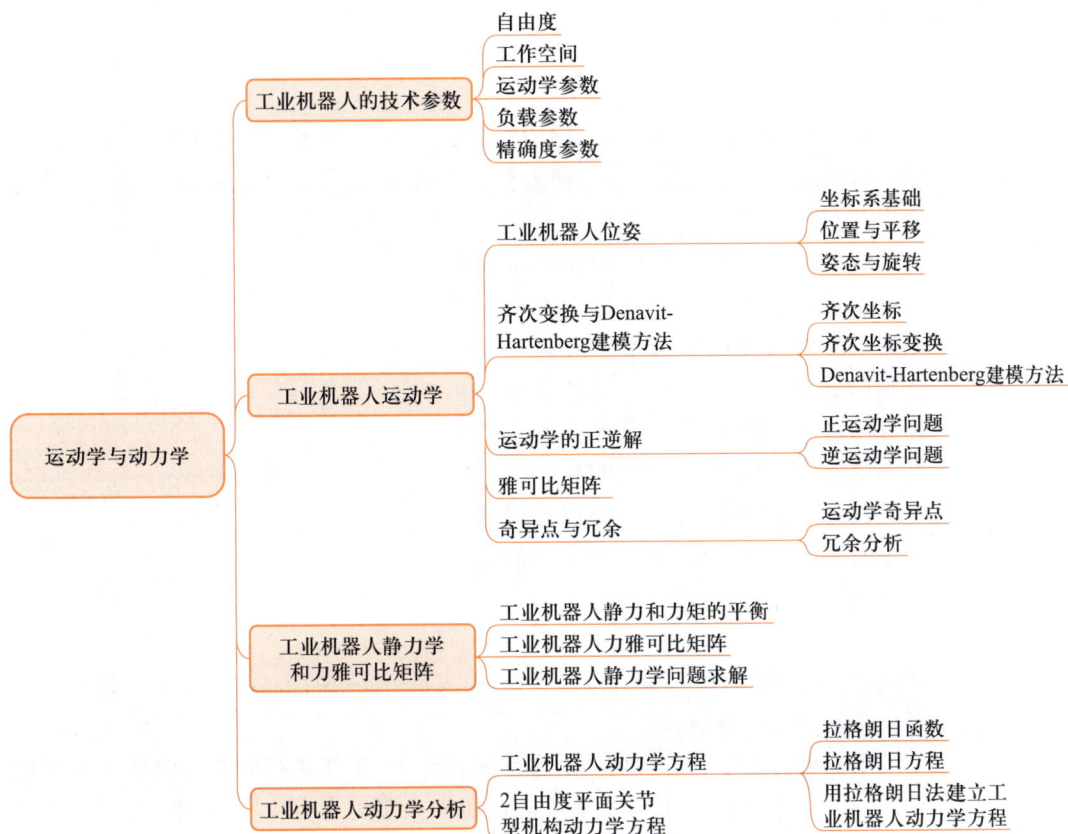

　　工业机器人运动学的研究重点是本体机构相对于参考坐标系的位姿和运动问题,是工业机器人的设计、分析和仿真的基础,包括正向运动学和逆向运动学;动力学主要研究工业机器人运动和受力之间的关系,目的是对工业机器人进行控制、优化设计和仿真。

　　本章节首先讲解技术参数与工业机器人系统的关系,然后介绍工业机器人的运动学基础,分析正向运动学求解工业机器人末端的位置和姿态,以及逆向运动学计算工业机器人所有关节变量的方法;然后引入动力学方程,说明工业机器人机构驱动力(力矩)和作用于工业机器人上的接触力(力矩)之间的关系,以及加速度和运动轨迹的关系。

3.1   工业机器人的技术参数

工业机器人的技术参数反映了工业机器人可能胜任的工作、具有的最高操作性能等情况。根据技术参数选型是设计、应用工业机器人必须考虑的问题。主要技术参数有自由度、分辨率、工作空间、工作速度、工作载荷等,下面分别介绍。

3.1.1   自由度

自由度(Degree of Freedom,DOF)指的是描述某系统所需的独立坐标的个数。自由度是工业机器人的一项重要技术指标,它是由工业机器人的机械结构决定的,并直接影响到工业机器人的灵活性。

我们认为三维空间中物体的运动最多可以有 6 个自由度,即在笛卡儿坐标系中沿 3 个轴线方向的移动以及绕 3 个坐标轴的转动(见图 3-1)。描述系统的坐标可以自由地选取,但独立坐标的个数总是一定的(即自由度是固定的)。

在不考虑约束、复合铰链以及局部自由度的情况下,可以使用一个简单的公式计算空间中机构自由度:

图 3-1   物体的 6 个自由度

$$f=6N-(5p_5+4p_4+3p_3+2p_2+p_1) \tag{3-1}$$

式中,f 表示自由度,N 表示构件个数,p_i 表示 i 级副的个数,括号中是各种运动副引入的约束个数的和。

工业机器人常用的自由度通常不超过 6 个,末端执行器的自由度一般不包括在内。目前,用于焊接和涂装作业的机器人多为 6 自由度,而搬运、码垛和装配机器人多为 4 ~ 6 自由度。

除工业机器人外,自由度对所有的机构都具有普遍意义。对于一个典型的工业机器人来讲,由于机器人本体大都是开式运动链,而且每个关节位置都由一个独立的变量定义,因此关节数目等于自由度数目。但是也有例外,例如2.2.3 节中介绍的平行四连杆机构,尽管它有 3 个可以运动的杆件,但它仍然只有 1 个自由度;还有冗余自由度机器人(1.4.3 节介绍的 7 自由度机器人),也拥有多于自由度数目的关节数。

PPT
工业机器人
工作空间

3.1.2   工作空间

通常,工业机器人的工作空间是指机器人做所有可达的运动时末端执行器扫过的全部空间,是由工业机器人本体的几何形状和关节限位决定的。特别要说明的是,工作空间定义为末端执行器能够到达的所有点的集合,而灵巧空间为末端执行器能够以任意姿态到达的所有点的集合,灵巧空间是可达空间的子集。几种典型工业机器人的工作空间如图 3-2 所示。

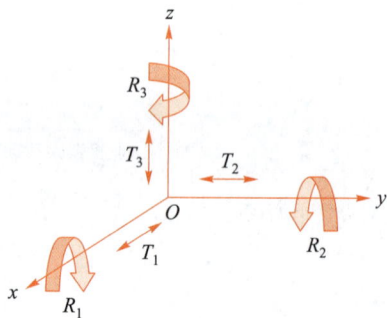

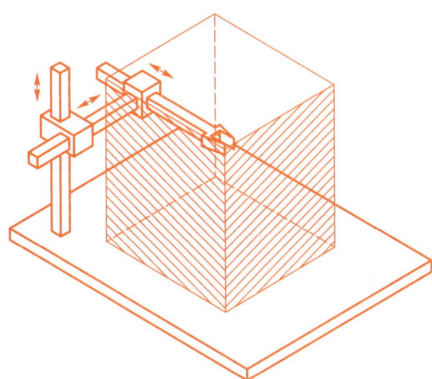

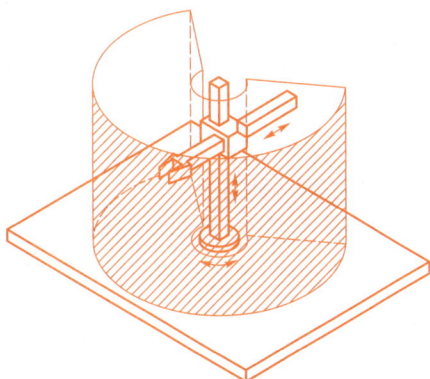

(a) 直角坐标机器人　　(b) 圆柱坐标机器人　　(c) SCARA机器人　　(d) 关节机器人

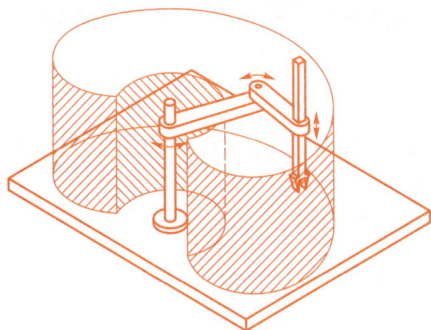

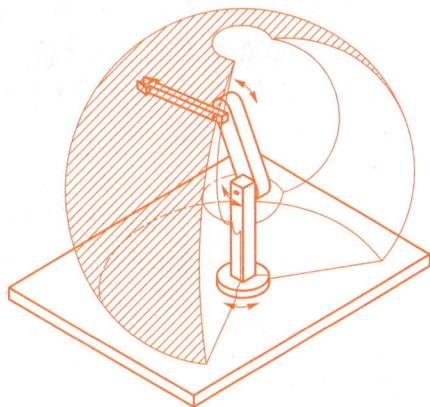

图 3-2　几种典型工业机器人的工作空间

　　许多串联机器人本体的机械结构是这样设计的:其关节分成区域性结构和方向性结构。区域性结构关节实现末端执行器在空间中的定位,而方向性结构关节实现末端执行器的姿态。此外,移动关节不能提供旋转能力,所以不能用于方向性结构。

　　区域性工作空间可由串联机器人的已知几何构型和关节运动限位计算获得。在由区域性结构构成的 3 个关节中,首先计算外侧的 2 个关节(2 轴和 3 轴)的工作空间面积,然后通过对剩余的关节(1 轴)的关节变量的积分,计算出区域性工作空间的大小。对于移动关节,仅需将面积乘以移动关节的运动长度;对于更为普遍的转动关节,涉及绕关节轴线的全范围旋转运动的面积。

　　根据 Pappus(帕普斯)定理,空间体积的计算方法为

$$V = A\bar{r}\gamma \tag{3-2}$$

式中,A 代表面积,$\bar{r}$ 是面积的几何中心到旋转轴线的距离,γ 是该面积旋转的角度。该面积的边界通过跟踪末端一个参考点的运动确定,较典型的是方向性结构的旋转中心。在这种方式下,参考点的轨迹是一条封闭曲线,其面积和质心可以通过数学方法计算出来。

3.1.3　运动学参数

1. 循环

执行一次任务程序称为一个循环。

2. 循环时间

完成一个循环所需时间称为循环时间。

3. 标准循环

标准循环是指在规定条件下,工业机器人完成一个作为标准的、典型的任务时的完整运动。

4. 单轴速度/单关节速度

单轴速度/单关节速度是指单个关节运动时机器人上某一固定点产生的速度。

5. 路径速度

路径速度是指沿规定路径,在单位时间内,工业机器人末端执行器安装点(腕部末端法兰中心点)或工具中心点位姿的变化量。

6. 单轴加速度/单关节加速度

单轴加速度/单关节加速度是指单个关节运动时工业机器人上某一固定点产生的加速度。

7. 路径加速度

路径加速度是指沿规定路径,在单位时间内,机器人末端执行器安装点(腕部末端法兰中心点)或工具中心点速度的变化量。

3.1.4 负载参数

1. 额定负载

额定负载是指在正常操作条件下,作用于机器人末端执行器,且不会使机器人性能降低的最大负载。额定负载包括末端执行器、附件、工件的惯性力。

2. 极限负载

极限负载是由制造商给出的,在限定的操作条件下,能作用于工业机器人末端执行器,且工业机器人结构不会被损坏或失效的最大负载。

3. 附加负载

附加负载是工业机器人能携带的附加于额定负载上的负载,它并不作用于工业机器人末端法兰接口,有时在关节结构上,通常是在机器人臂部。图 3-3 所示是焊接机器人的附加负载。

4. 最大力矩

最大力矩是保证工业机器人机构不受持久损伤,除惯性作用外,可连续作用于机器人末端执行器的力矩(扭矩)。

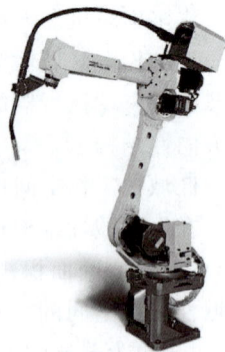

图 3-3 焊接机器人的附加负载

PPT
工业机器人精确度参数

3.1.5 精确度参数

工业机器人的精确度参数用来定义机器人手部的定位能力。图 3-4 给出了分辨率、重复精度和定位精度的关系。

1. 分辨率

分辨率是指机器人每轴或关节所能达到的最小位移增量(能够实现的最小移动距离或最小转动角度)。一台工业机器人的运动精度是指命令设定的运动位置与该设备执行此命令后能够达到的运动位置之间的差距,分辨率则反映了实际需要的运动位置和命令所能够设定的位置之间的差距。

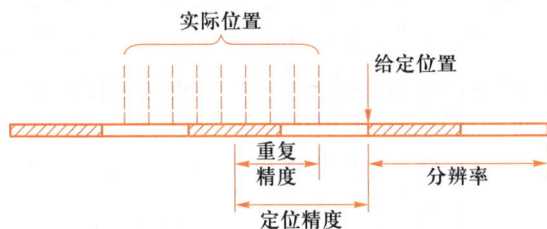

图 3-4 机器人的精确度参数

2. 重复精度

重复精度指在相同的运动位置命令下,工业机器人连续若干次运动轨迹之间的误差度量。作为操作者,人们对工业机器人的一个基本期望就是能够准确运动到示教的目标点。示教点是工业机器人运动实际到达的点,然后关节位置传感器读取关节角并存储。当命令工业机器人返回这个空间点时,每个关节都移动到已存储的关节角的位置。当制造商在确定机器人返回示教点的精度时,就是在确定工业机器人的重复精度。如果工业机器人重复执行某位置给定指令,它每次走过的距离并不相同,而是在一平均值附近变化,该平均值代表精度,而变化的幅度代表重复精度。

3. 定位精度

对于使用笛卡儿坐标描述目标位置的系统,它可以将工业机器人末端执行器移动到工作空间中的一个从未示教过的点,这些点称为计算点。对许多工业机器人作业来说,这种能力是必需的。比如,为工业机器人的运动路径设置过渡点,即在目标点某方向上偏移某固定距离的点;或者用计算机视觉系统确定机器人需要抓持的某一部分,那么工业机器人必须能够移动到视觉传感器指定的笛卡儿坐标。到达这个计算点的精度就被称为工业机器人的定位精度。

由于工业机器人有转动关节,Denavit-Hartenberg 参数(详见 3.2.2 节)中的误差将会引起逆运动学方程中关节角的计算误差,不同的回转半径导致其分辨率也不同,因此造成工业机器人的精度难以确定。所以尽管绝大多数工业机器人的重复精度非常高,但是其定位精度可能不高,并且不同时间测量的定位精度值也可能变化相当大。由于定位精度一般较难测定,通常工业机器人制造商只给出重复精度作为标准参数。人们在使用工业机器人之前会对其进行标定,就是为了通过对工业机器人运动学参数的测算提高工业机器人的定位精度。

3.2 工业机器人运动学

3.2.1 工业机器人位姿

工业机器人的运动学分析,大致可以概括为研究机器人及其作业对象的位置、姿态、速度、加速度的学问。工业机器人的构件以及作业对象大多是刚体,因此刚体运动学就成为工业机器人运动学的基础。

在工业机器人研究中,人们通常在三维空间中研究物体的位姿。这里所说的物体既包括工业机器人的杆件、零件和末端执行器,也包括工业机器人工作空间内的其他物体。通常这些物体可用两个非常重要的特性来描述:位置和姿态。为了描述运动刚体的位置和姿态,一般先将物体固定在一个空间坐标系(也称参考系)中,再在这个参考系中研究物体的位置和姿态。

任一坐标系都能作为描述物体位姿的参考系,在本节中将研究同一物体在不同坐标系中空间位姿的描述方法和数学计算方法。

1. 坐标系基础

为了规范统一,给工业机器人和工作空间专门命名和确定专门的"标准"——工业机器人坐标系,是十分必要的。工业机器人坐标系是为确定工业机器人的位置和姿态而在工业机器人上或空间中定义的坐标系。图 3-5 所示就是一个典型的工业机器人应用场景,工业机器人抓持着某种工具,并把工具末端移动到操作者指定的位置。图 3-5 中所示的几个坐标系,都具有简单易懂的特点,确保工业机器人编程及控制系统计算参照的统一性,工业机器人的所有运动都将按照这些坐标系描述。

PPT
坐标系的定义
及工业机器人
坐标系的分类

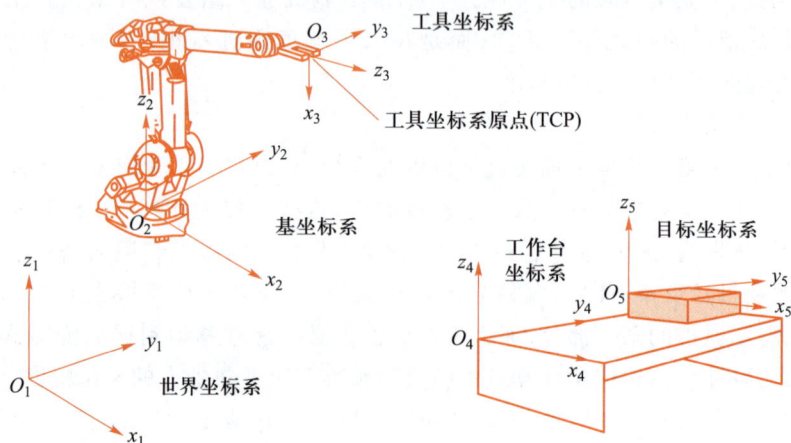

图 3-5   工业机器人坐标系统

从类型上来说工业机器人坐标系分为关节坐标系和笛卡儿坐标系(直角坐标系)。

(1)关节坐标系

关节坐标系是设定在工业机器人关节处的坐标系。关节坐标系中工业机器人的位置和姿态描述,以各关节底座侧的关节坐标系为基准而确定。关节坐标系通常以转角为单位,例如图 3-6 中,工业机器人处于机械零点位置,各关节在关节坐标系中的关节值为:J1 0°,J2 0°,J3 0°,J4 0°,J5 0°,J6 0°。

除关节坐标系之外,其余工业机器人坐标系均为笛卡儿坐标系。

(2)世界坐标系

世界坐标系(见图 3-7)是标准的直角坐标系,被固定在空间中某一固定的位置。尤其是在多机器人协同工作的时候,使用同一世界坐标系能够更加方便地表示不同机器人的定位。

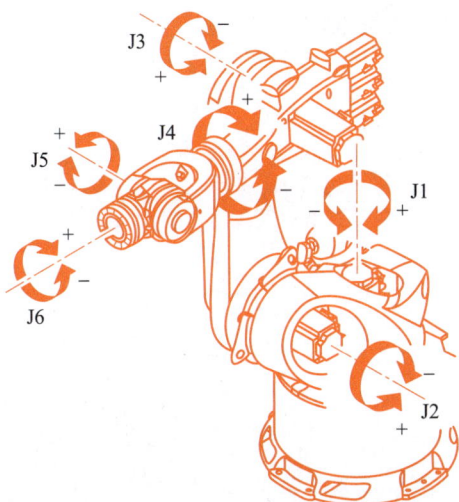

图 3-6　处于机械零点位置的工业机器人及其关节坐标系

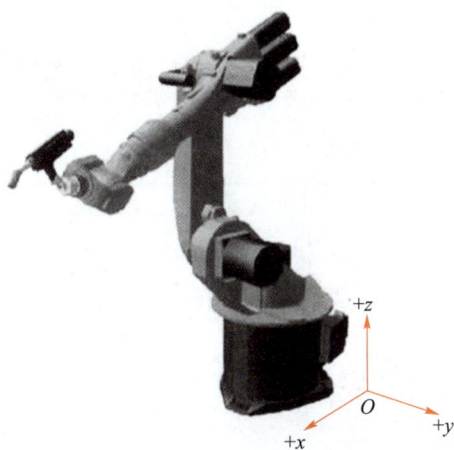

图 3-7　世界坐标系

（3）基坐标系

基坐标系（见图 3-8）位于机器人的基座上，一般情况下与上文介绍的世界坐标系没有必要区分那么明显。一般正常安装且固定基座的机器人的这两个坐标系是重叠的，如果机器人倒着安装或者斜着安装，就可以通过修改系统参数，让基坐标系依然和大地平行，这时基坐标系和世界坐标系就有明显的区别。

从运动学上来讲，人们建立机器人的运动学方程的过程就是通过依次变换最终推导出末端执行器相对于基坐标系的位姿。

（4）工具坐标系

工具坐标系附于工业机器人所夹持工具的末端，用来定义工具中心点（TCP）的位置和工具的姿态，如图 3-9 所示。工具坐标系必须事先设定，当机器人腕部没有装载工具时，工具坐标系的原点位于腕部末端法兰盘的中心，即默认工具坐标系。

可以认为人们常说的 TCP 是工具坐标系的原点。在默认工具坐标系中，TCP 位于法兰盘中心点，但在实际应用时，通常把 TCP 点设为工具的末端，如焊接时通常把 TCP 点设置到焊丝的尖端。

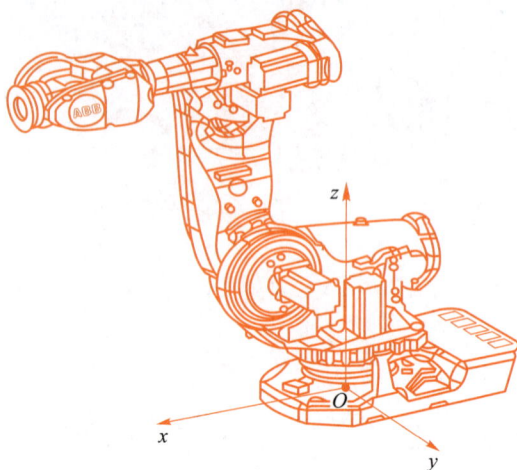

图 3-8　基坐标系

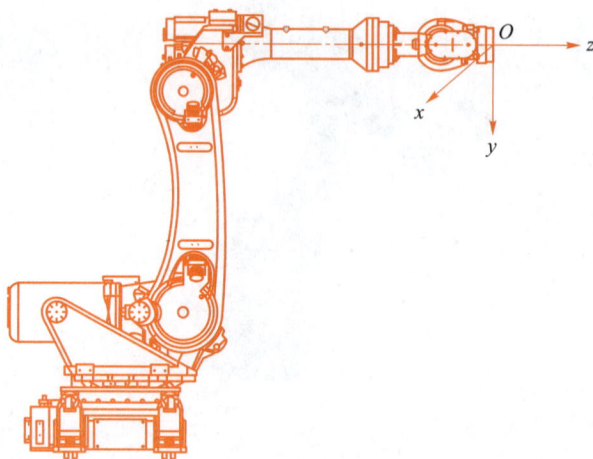

图 3-9　工业机器人的默认工具坐标系

（5）用户坐标系

用户对每个作业空间自定义的直角坐标系称为用户坐标系。它用于各关节位置寄存器的示教和执行、位置补偿指令的执行等。在没有定义的时候，将由世界坐标系来替代该坐标系。

图 3-5 中的工作台坐标（部分机器人系统中称工件坐标系）及目标坐标系，由于都是用户自定义生成的，都属于用户坐标系。在示教编程的过程中，常使用用户坐标系来对机器人末端工具位置进行描述。

通常而言，机器人的所有运动都可以基于上述坐标系描述，机器人坐标系统的存在为描述机器人的操作（特别是目标点）提供了一种标准的参照。

2．位置与平移

（1）点的位置

一旦建立了坐标系，就能用一个 3×1 的位置矢量矩阵对坐标系中的任何点进行位置描述。空间点和空间位置矢量如图 3-10 所示。

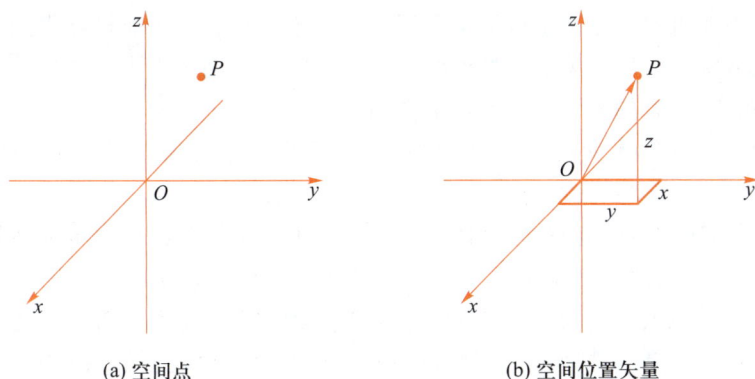

(a) 空间点　　　　　　　　　　(b) 空间位置矢量

图 3-10　空间点和空间位置矢量

因为工业机器人坐标系统中包含多个坐标系,因此必须在位置矢量上附加坐标系信息,标明是在哪一个坐标系中定义的。在本书中,位置矢量用一个前置的上标来表明其参考的坐标系,例如$^A\boldsymbol{P}$,这表明$^A\boldsymbol{P}$的数值是基于坐标系 A 表示的。

位置矢量中的每个元素值都可以被认为是矢量在相应坐标轴上的投影,矢量的各个元素用下标 x,y,z 来标明,以点 $^A\boldsymbol{P}$ 为例:

$$^A\boldsymbol{P} = \begin{pmatrix} p_x \\ p_y \\ p_z \end{pmatrix} \tag{3-3}$$

（2）平移

平移前的刚体位置定义为初始位置,则平移是指这样的偏移:刚体上的任何一点不再处于其初始位置,刚体上的任意直线平行于其初始方向(直线不是必须在某刚体的边界上,然而空间中的任何直线都可以被认为严格固定在物体上)。

（3）平移坐标系映射

在工业机器人运动学的许多问题中,需要用不同的参考坐标系来表达同一个量。为了描述同一个量从一个坐标系到另一个坐标系的变换(映射),下面讲解完成这种映射的数学方法。

坐标系 i 的原点 O_i 在坐标系 j 中的位置可以表示为如下矢量:

$$\boldsymbol{p}_i = \begin{pmatrix} p_i^x \\ p_i^y \\ p_i^z \end{pmatrix} \tag{3-4}$$

该矢量中的每个元素,是矢量 $\boldsymbol{p}_i$ 在坐标系 j 相应坐标轴上的投影。该矢量中的元素也可以表示为 O_i 在坐标系 j 中的球面或柱面坐标,更有利于分析具有球关节或柱关节的工业机器人机构。

3. 姿态与旋转

（1）姿态

在工业机器人运动学中,除了经常需要描述空间中点的位置,还经常需要描述空间中物体的姿态。想象一下,当工业机器人末端某点已经在空间中固定下来时,工业机器人是不是可能呈现不同的姿态? 只有当工业机器人的姿态已知后,工业机器人所有关节或杆件的位置才能完全被固定下来。这也是为什么与位置相比,姿态的表示方法更加丰富的原因。假设工业机器人有足够数量的关节,则工业机器人就可以有任意的姿态,而使其末端某点的位置保持固定不变。

为了描述物体的姿态,在物体上固定一个坐标系并且给出此坐标系相对于参考坐标系的描述。例如在图 3-11 中,已知一坐标系以某种方式固定在工业机器人末端(也就是前面介绍的工具坐标系),则这个坐标系相对于参考坐标系的变换关系(通常会选择世界坐标系或基坐标系这种固定坐标系)就足以表示出工业机器人末端的姿态。本节并不罗列所有的姿态表示方法,仅给出工业机器人中最常用的姿态表示方法。

旋转是指刚体上至少有一点处于其初始位置,不是刚体上的所有直线都平行于其初始方向。例如,一个物体在圆轨道上绕一个过圆心的轴旋转,在旋转轴上的任一点是物体上保持初始位置的点。与描述位置的平移一样,任何描述姿态的方法均可表示旋转,反之亦然。

（2）旋转矩阵

为了解释旋转矩阵这一概念,下面从一个最简单的例子开始。

图 3-12 描述了坐标系 xyz 绕 x 轴旋转角度 θ 后,y 轴旋转至图中 v 轴,z 轴旋转至图中 w 轴,得到了一个全新的 uvw 坐标系(坐标系中的 u 轴与 xyz 坐标系中的 x 轴重合)。此时空间中存在一点 P,显然它在两个坐标系中的位置坐标表示是不同的。

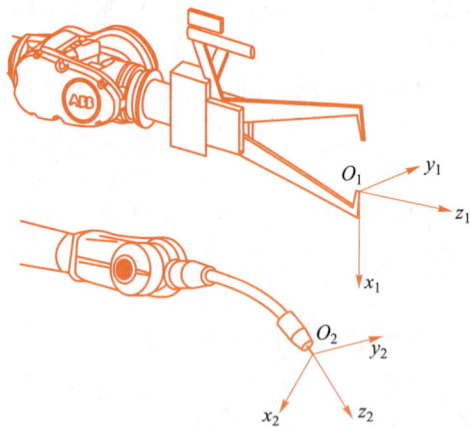

图 3-11　机器人末端姿态的表达

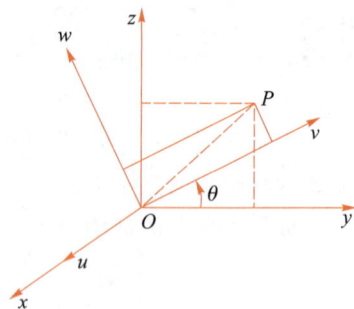

图 3-12　相对于参考坐标系的点的坐标和从 x 轴上观察旋转坐标系

由于 x 轴不动,可以看出 P_x 不随坐标系中 x 轴的转动而改变,而 P_y 和 P_z 却改变了,即

$$
\begin{cases}
P_x = P_u \\
P_y = P_v \cos\theta - P_w \sin\theta \\
P_z = P_v \sin\theta + P_w \cos\theta
\end{cases}
\tag{3-5}
$$

写成矩阵形式为

$$\begin{pmatrix} P_x \\ P_y \\ P_z \end{pmatrix} = \begin{pmatrix} 1 & 0 & 0 \\ 0 & \cos\theta & -\sin\theta \\ 0 & \sin\theta & \cos\theta \end{pmatrix} \begin{pmatrix} P_u \\ P_v \\ P_w \end{pmatrix} \tag{3-6}$$

式（3-6）中的 3×3 矩阵就被称为旋转矩阵，含有 9 个元素。

在数学中，矢量基是指三个相互正交的矢量构成的三维空间，可以理解为一个三维直角坐标系。基矢量是构成矢量基的三个单位矢量，矢量交点称为基点。推广到普遍的旋转问题中，坐标系 A 相对于坐标系 B 的姿态可以利用基矢量 $(\widehat{x_A}\quad \widehat{y_A}\quad \widehat{z_A})$ 在基矢量 $(\widehat{x_B}\quad \widehat{y_B}\quad \widehat{z_B})$ 中形成的矢量表示。

形成的矢量改写成 3×3 矩阵，称为旋转矩阵 $^B\boldsymbol{R}_A$。$^B\boldsymbol{R}_A$ 中的元素是两个坐标系基矢量的点积。

$$^B\boldsymbol{R}_A = \begin{pmatrix} \widehat{x_A} \cdot \widehat{x_B} & \widehat{y_A} \cdot \widehat{x_B} & \widehat{z_A} \cdot \widehat{x_B} \\ \widehat{x_A} \cdot \widehat{y_B} & \widehat{y_A} \cdot \widehat{y_B} & \widehat{z_A} \cdot \widehat{y_B} \\ \widehat{x_A} \cdot \widehat{z_B} & \widehat{y_A} \cdot \widehat{z_B} & \widehat{z_A} \cdot \widehat{z_B} \end{pmatrix} \tag{3-7}$$

因为基矢量是单位矢量，而且任何两个单位矢量的点积是其夹角的余弦，所以旋转矩阵中的元素被称为方向余弦。

除上述旋转矩阵的基本表达外，最常见的情况就是绕 3 个坐标轴的旋转。上文中推导的图 3-12 中的旋转矩阵，即绕 $\widehat{x_B}$ 轴旋转角度 θ 形成的矩阵为

$$\boldsymbol{R}_x\theta) = \begin{pmatrix} 1 & 0 & 0 \\ 0 & \cos\theta & -\sin\theta \\ 0 & \sin\theta & \cos\theta \end{pmatrix} \tag{3-8}$$

绕 $\widehat{z_B}$ 轴旋转角度 θ 形成的矩阵为

$$\boldsymbol{R}_z(\theta) = \begin{pmatrix} \cos\theta & -\sin\theta & 0 \\ \sin\theta & \cos\theta & 0 \\ 0 & 0 & 1 \end{pmatrix} \tag{3-9}$$

绕 $\widehat{y_B}$ 轴旋转角度 θ 形成的矩阵为

$$\boldsymbol{R}_y(\theta) = \begin{pmatrix} \cos\theta & 0 & \sin\theta \\ 0 & 1 & 0 \\ -\sin\theta & 0 & \cos\theta \end{pmatrix} \tag{3-10}$$

因为坐标系 A、B 的基矢量是相互正交的，所以由这些正交矢量的点积形成的列矢量也是正交的。由正交矢量构成的矩阵称为正交矩阵，它具有一个特性，即其逆矩阵是其转置矩阵。

另外，旋转矩阵的正交性对于逆序变换依然成立。坐标系 B 相对于坐标系 A 的姿态可以用旋转矩阵 $^A\boldsymbol{R}_B$ 表示，显然，$^A\boldsymbol{R}_B$ 的行矢量即为 $^B\boldsymbol{R}_A$ 的列矢量。通过简单的旋转矩阵相乘，可以获得坐标系 A 相对于坐标系 C 的姿态：

PPT

齐次变换

$$^C\boldsymbol{R}_A = {}^C\boldsymbol{R}_B\,{}^B\boldsymbol{R}_A \tag{3-11}$$

总之，$^B\boldsymbol{R}_A$ 是一个将坐标系 A 中表示的矢量转化为坐标系 B 中表示的矢量的旋转矩阵，它提供坐标系 A 相对于坐标系 B 的姿态标识，也可表示为坐标系 A 到坐标系 B 的旋转。

3.2.2　齐次变换与 Denavit-Hartenberg 建模方法

前面分别介绍了位置和姿态的描述方法。利用齐次变换，位置矢量和旋转

矩阵可以用更加简洁的方式结合在一起。工业机器人实际上可以认为是由一系列关节连接起来的连杆组成。把坐标系固联在工业机器人的每个关节上,可以用齐次变换来描述这些坐标系之间的相对位置和方向。

1. 齐次坐标

三维空间中的一个点是用三维向量 $[x \quad y \quad z]^T$ 表示的。可以增加一个额外的坐标得到四维向量 $[x \quad y \quad z \quad 1]^T$,同时声明这是同一个点。这看起来非常简单,因为可以很简单地通过增加或者删除最后一个坐标值来在两种表示方式之间来回切换。那么现在的问题是:最后一个坐标为什么需要是 1? $[x \quad y \quad z \quad 2]^T$ 不行吗?毕竟另外两个数字没有这样的限制。在这里要再给出一个定义,即当 k 非零时,所有形如 $[kx \quad ky \quad kz \quad k]^T$ 的四维向量都表示同一个点,比如 $[x \quad y \quad z \quad 1]^T$ 和 $[2x \quad 2y \quad 2z \quad 2]^T$ 就表示同一个点。由此就可以引出齐次坐标的定义,即给定一个空间点 $[x \quad y \quad z]^T$,那么形如 $[kx \quad ky \quad kz \quad k]^T$ 的所有四维向量就都是等价的,它们就是这个点的齐次坐标。对每一个齐次坐标,只要把它除以四维向量中的第 4 个数,即可得到原始的三维点坐标。

需要再次注意的是,这里的 k 是非零的,那么如果 $k=0$ 会怎样?因为除数不能为 0,所以似乎没有任何空间点是和 $[x \quad y \quad z \quad 0]^T$ 对应的。事实上, $[x \quad y \quad z \quad 0]^T$ 就是无穷远处的点。从前用 $[x \quad y \quad z]^T$ 是无法描述三维空间中的无穷远点,但当引入齐次坐标之后,就可以用 $[x \quad y \quad z \quad 0]^T$ 来表示无穷远点了。

2. 齐次坐标变换

如果坐标系 i 相对于坐标系 j 的位置和姿态已知,那么坐标系 i 中的任一矢量 $^i r$ 也可以表示为 j 坐标中的矢量 $^j p_i = [^j p_i^x \quad ^j p_i^y \quad ^j p_i^z]^T$,坐标系 i 相对于坐标系 j 的姿态可用 $^j R_i$ 表示,则有

$$^j r = {}^j R_i {}^i r + {}^j p_i \qquad (3-12)$$

该方程式可写为矩阵形式:

$$\begin{bmatrix} ^j r \\ 1 \end{bmatrix} = \begin{bmatrix} ^j R_i & ^j p_i \\ 0 & 1 \end{bmatrix} \begin{bmatrix} ^i r \\ 1 \end{bmatrix} \qquad (3-13)$$

令

$$^j T_i = \begin{bmatrix} ^j R_i & ^j p_i \\ 0 & 1 \end{bmatrix} \qquad (3-14)$$

$^j T_i$ 是个 4×4 的变换矩阵,$[^j r \quad 1]^T$ 和 $[^i r \quad 1]^T$ 是位置矢量 $^j r$ 和 $^i r$ 的齐次表示。矩阵 $^j T_i$ 将坐标系 i 中的矢量变换为坐标系 j 中的矢量,其逆矩阵 $^j T_i^{-1}$ 将坐标系 j 中的矢量变换为坐标系 i 中的矢量。

尽管齐次变换矩阵具有 16 个元素,但有 4 个元素被定义为 0 或 1(从式(3-13)可以看出,齐次变换矩阵的第 4 行恒为 $[0 \quad 0 \quad 0 \quad 1]$),剩余的元素则包括一个旋转矩阵和一个位置矢量。因此,真正的冗余坐标来自旋转矩阵部分,相应的辅助关系也与旋转矩阵有关。

4×4 齐次变换矩阵的递归运算只是简单的矩阵相乘,正如 3×3 的旋转矩阵一样。因此,有

$$^k T_i = {}^k T_j {}^j T_i \qquad (3-15)$$

由于矩阵乘法不能交换,所以其顺序非常重要。

单纯的绕轴旋转齐次变换矩阵常被记为 Rot。于是,绕 z 轴旋转 θ 角度的齐次变换矩阵记为

$$\text{Rot}(z,\theta) = \begin{pmatrix} \cos\theta & -\sin\theta & 0 & 0 \\ \sin\theta & \cos\theta & 0 & 0 \\ 0 & 0 & 1 & 0 \\ 0 & 0 & 0 & 1 \end{pmatrix} \tag{3-16}$$

单纯的沿一个轴平移矩阵通常记为 Trans。于是,沿 x 轴平移距离 d 的齐次变换矩阵记为

$$\text{Trans}(x,d) = \begin{pmatrix} 1 & 0 & 0 & d \\ 0 & 1 & 0 & 0 \\ 0 & 0 & 1 & 0 \\ 0 & 0 & 0 & 1 \end{pmatrix} \tag{3-17}$$

当希望运算符号简化或简化编程难度时(很多工业机器人运动学问题都采用诸如 MATLAB、Mathematica 等软件进行计算),齐次变换是一个好的选择。但是,由于它引入了大量含有 0 和 1 的附加乘法运算,所以它并不是一种高效率的计算方式。

3. Denavit-Hartenberg 建模方法

对于工业机器人运动学的建模,无论怎么建立坐标系都可以,只要保证坐标系的统一与简洁。

Denavit-Hartenberg 参数建模相当于人为引进了两个约束条件,使得不同关节的位置和姿态仅仅用了 4 个参数就可以描述了。而且这 4 个参数的物理含义又很清楚,所以就成了一种标准建模方法。

(1) Denavit-Hartenberg 参数

工业机器人的每个连杆都可以用 4 个运动学参数来描述,其中 2 个参数用于描述连杆本身,另外 2 个参数用于描述连杆之间的连接关系。这种用连杆参数描述机构运动关系的规则称为 Denavit-Hartenberg 模型(见图 3-13),4 个运动学参数称为 Denavit-Hartenberg 参数(D-H 参数)。

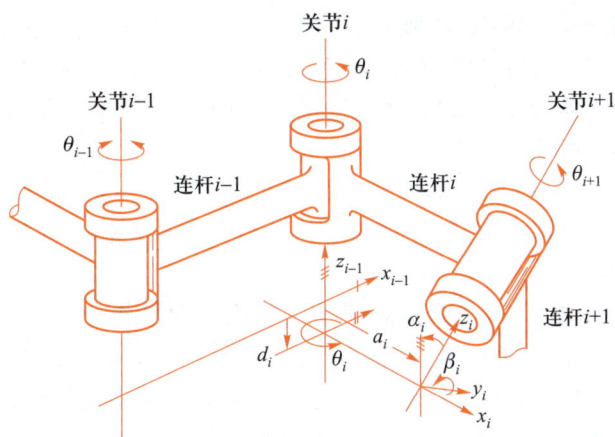

图 3-13　连杆机构的 Denavit-Hartenberg 模型

对 D-H 参数的解释如下：

a_i 是沿着 x_i 方向，从 z_i 到 z_{i+1} 平移的距离，也可认为是连杆 i 的长度（关节轴线 i 和关节轴线 $i+1$ 公法线之间的长度）。

α_i 是绕着 x_i 方向，从 z_i 到 z_{i+1} 转过的角度，也称为连杆 i 的扭转角（关节轴线 i 和关节轴线 $i+1$ 的夹角，从轴线 i 指向轴线 $i+1$）。

如果关节轴线 i 和关节轴线 $i+1$ 相交，则可认为 $a_i = 0$；如果平行，则可认为 $\alpha_i = 0$。

d_i 是沿着 z_i 方向，从 x_{i-1} 到 x_i 平移的距离，也称为连杆 i 相对于连杆 $i-1$ 的偏距，表示关节 i 上的两条公法线 a_i 与 a_{i-1} 之间的距离。

θ_i 是绕着 z_i 方向，从 x_{i-1} 到 x_i 转过的角度，也称为关节角，是连杆 i 相对于连杆 $i-1$ 绕轴线 i 的旋转角度。

关节变量是能够表示关节位置的变量，用来表示关节的位移，通常用 q 表示。这个变量是一个广义变量，也就是说对于移动关节，关节变量代表线位移；对于转动关节，关节变量代表角位移。结合前面讲的四个 D-H 参数来看，对于转动关节，θ_i 为关节变量，其他 3 个连杆参数是固定不变的；而对于移动关节，d_i 是关节变量，其他 3 个连杆参数是固定不变的。

根据上述方法，可以确定任意机构的 D-H 参数，并用这些参数来描述该机构。例如对于一台 6 轴机器人，用 18 个参数就可以完全描述这些固定的运动学参数。

（2）Denavit-Hartenberg 坐标系的建立

Denavit-Hartenberg 坐标系（D-H 坐标系）有时又被称为连杆坐标系。对于一个机构，可以按照下面的步骤正确地建立 D-H 坐标系：

1）定义坐标系 {0}（基坐标系）、坐标系 {n} 和坐标系 {i}。

2）找出各关节轴，并标出这些轴线的延长线。

3）找出关节轴 i 和 $i+1$ 之间的公垂线或关节轴 i 和 $i+1$ 的交点，以关节轴 i 和 $i+1$ 的交点或公垂线与关节轴 i 的交点作为连杆坐标系 {i} 的原点。

4）规定 z_i 轴为沿关节轴 i 的指向。

5）规定 x_i 轴为沿关节轴 i 和 $i+1$ 之间公垂线的指向，如果关节轴 i 和 $i+1$ 相交，则规定 x_i 轴垂直于关节轴 i 和 $i+1$ 所在平面。

6）按照右手定则确定 y_i 轴。

7）当第一个关节变量为 0 时，规定坐标系 {0} 和 {1} 重合。对于坐标系 {n}，其原点和 x_n 的方向可以任意选取。但是在选取时，通常尽量使 D-H 参数为 0。

（3）三连杆平面臂的 D-H 参数

图 3-14 所示为一个三连杆平面臂机构，因为三个关节均为转动关节，也称为 RRR（或 3R）机构。下面将在此机构上建立 D-H 坐标系并写出其 D-H 参数。

首先定义参考坐标系，即坐标系 {0}，它固定在机座上。当第一个关节角 $\theta_1 = 0$ 时，坐标系 {1} 与坐标系 {0} 重合。

令所有 z 轴都与关节轴线重合，由于本机构是一个平面机构，显而易见，所有的关节轴线是平行的，因此所有的 z 轴平行，所有的 d_i 均为 0；又由于所有的 z 轴垂直纸面向外，因此 α_i 都为 0。由于所有的关节都是旋转关节，因此当转角都为 0 时,所有的 x 轴一定在一条直线上。

根据上面的分析很容易确定如图 3-15 所示的各坐标系,表 3-1 给出了相应的 D-H 参数。

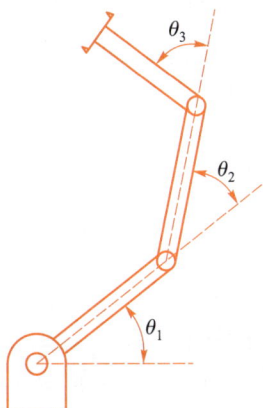

图 3-14 三连杆平面臂 　　图 3-15 三连杆平面臂的 D-H 坐标系

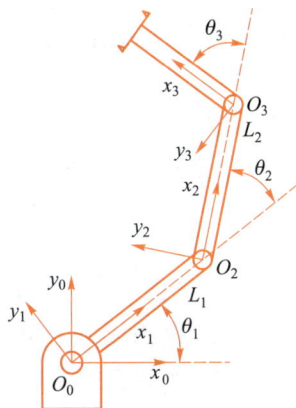

表 3-1 三连杆平面臂机构案例的 D-H 参数表

连杆	a_{i-1}	α_{i-1}	d_i	θ_i
1	0	0	0	θ_1
2	0	L_1	0	θ_2
3	0	L_2	0	θ_3

3.2.3 运动学的正逆解

正运动学问题主要应用的是运动学分析(不考虑力作用的前提下,分别对机构的位置、速度、加速度变化进行分析),逆运动学问题应用的则是运动学综合(根据给定的运动学要求进行机构设计)。如果说正运动学问题是指已知各个关节和连杆的参数和运动变量,求解末端执行器(手部)的位姿;那么逆运动学问题就是在已知末端执行器(手部)要到达的目标位姿的情况下,求解各个关节的运动变量。

1. 正运动学问题

所谓正运动学问题(Direct Kinematics,DK),是指给出关节的位置、速度、加速度,求各个杆件的位置、姿态、速度、加速度、角速度、角加速度的问题,特别是求终端杆件(即末端执行器)的位置、姿态、速度、角速度的问题。

工业机器人正运动学问题是工业机器人运动学研究中的一个典型的问题。计算工业机器人末端执行器的位置和姿态是一个静态的几何问题。具体来讲,正运动学问题是给定一组关节角的值,计算工具坐标系相对于基坐标系的位置和姿态。一般情况下,将这个过程称为从关节空间描述到笛卡儿空间描述的工业机器人位置表示。在笛卡儿坐标系中,用 3 个变量来描述空间一点的位置,而用另外 3 个变量描述物体的姿态。

(1)开式链结构的坐标系变换一般形式

用于正运动学计算的处理流程结构源于典型的开链机械臂。假设一个通

过 n 个关节连接 $n+1$ 个连杆构成的开链机械臂,其中连杆 0 通常固定在地面,每一关节为机械结构提供一个与关节变量相对应的自由度。

在这个过程中,首先需要根据上文中的 D–H 参数得到相邻连杆间坐标系变换的一般形式,然后再通过递归方式将这些独立的坐标变换联系起来,推导出整个机械臂的运动学描述,以求出连杆 n 相对于连杆 0 的位置和姿态。为此,有必要从连杆 0 到连杆 n,为每个连杆定义一个 D–H 坐标系。

为了求解相邻连杆间的一般变换矩阵,即 $_i^{i-1}\boldsymbol{T}$,将求解过程分解为 4 个子变换,这样可以使每个子变换只对应一个 D–H 参数:

$$^{i-1}\boldsymbol{P} = {}_R^{i-1}\boldsymbol{T}_Q^R\boldsymbol{T}_P^Q\boldsymbol{T}_i^P\boldsymbol{T}^i\boldsymbol{P} \tag{3-18}$$

即

$$^{i-1}\boldsymbol{P} = {}_i^{i-1}\boldsymbol{T}^i\boldsymbol{P} \tag{3-19}$$

从上一节可知,D–H 模型的四个参数中含有两个长度参数及两个角度参数,这样就可以把这个变换的过程看成 2 个平移变换与 2 个旋转变换,即

$$_i^{i-1}\boldsymbol{T} = \text{Rot}(\alpha_{i-1})\,\text{Trans}(a_{i-1})\,\text{Rot}(\theta_i)\,\text{Trans}(d_i) \tag{3-20}$$

经过矩阵乘法计算推导,可以得出 $_i^{i-1}\boldsymbol{T}$ 的一般表达式为

$$_i^{i-1}\boldsymbol{T} = \begin{pmatrix} \cos\theta_i & -\sin\theta_i & 0 & a_{i-1} \\ \sin\theta_i\cos\alpha_{i-1} & \cos\theta_i\cos\alpha_{i-1} & -\sin\alpha_{i-1} & -\sin\alpha_{i-1}d_i \\ \sin\theta_i\sin\alpha_{i-1} & \cos\theta_i\sin\alpha_{i-1} & \cos\alpha_{i-1} & \cos\alpha_{i-1}d_i \\ 0 & 0 & 0 & 1 \end{pmatrix} \tag{3-21}$$

(2)6 轴串联机器人的运动学正解

最常见的 6 轴串联机器人(此处以 Unimation PUMA 560 机器人为例)可建立如图 3–16 所示的 D–H 坐标系。

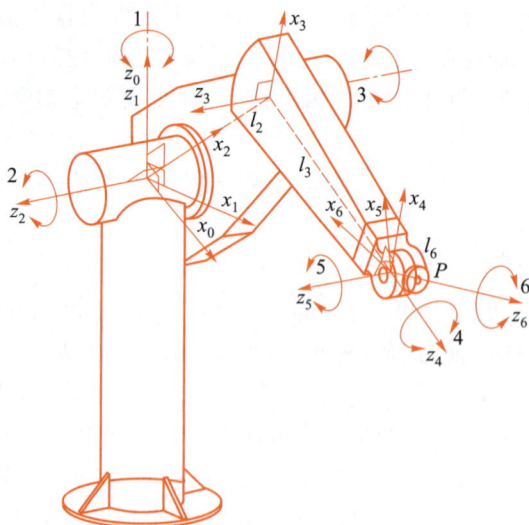

图 3–16 Unimation PUMA 560 机器人的 D–H 坐标系

模型的 D–H 参数归纳于表 3–2。

求解手臂末端相对于机座的位置

$$^0\boldsymbol{P} = {}_6^0\boldsymbol{T}^6\boldsymbol{P} \tag{3-22}$$

表 3-2　6 轴串联机器人的 D-H 参数

连杆	a_{i-1}	α_{i-1}	d_i	θ_i
1	0	0	0	θ_1
2	0	$-\pi/2$	d_2	θ_2
3	a_2	0	0	θ_3
4	a_3	$-\pi/2$	d_4	θ_4
5	0	$\pi/2$	0	θ_5
6	0	$-\pi/2$	0	θ_6

按照式(3-21)给出的一般表达式 $^{i-1}_i\boldsymbol{T}$ 可以求出每一个连杆的变换矩阵,将各变换矩阵连乘得

$$
^0_6\boldsymbol{T} = {}^0_1\boldsymbol{T}\,{}^1_2\boldsymbol{T}\,{}^2_3\boldsymbol{T}\,{}^3_4\boldsymbol{T}\,{}^4_5\boldsymbol{T}\,{}^5_6\boldsymbol{T} = \begin{pmatrix} r_{11} & r_{12} & r_{13} & p_x \\ r_{21} & r_{22} & r_{23} & p_y \\ r_{31} & r_{32} & r_{33} & p_z \\ 0 & 0 & 0 & 1 \end{pmatrix} \tag{3-23}
$$

式中,使用 c_1 表示 $\cos\theta_1$,s_2 表示 $\sin\theta_2$,s_{23} 表示 $\sin(\theta_2+\theta_3)$,依次类推:

$$
\begin{cases}
r_{11} = c_1\left[c_{23}(c_4c_5c_6-s_4s_5)-s_{23}s_5c_6\right]+s_1(s_4c_5c_6+c_4s_6) \\
r_{21} = s_1\left[c_{23}(c_4c_5c_6-s_4s_6)-s_{23}s_5c_6\right]-c_1(s_4c_5c_6+c_4s_6) \\
r_{31} = -s_{23}(c_4c_5c_6-s_4s_6)-c_{23}s_5c_6 \\
r_{12} = c_1\left[c_{23}(-c_4c_5s_6-s_4c_6)+s_{23}s_5s_6\right]+s_1(c_4c_6+s_4c_5s_6) \\
r_{22} = s_1\left[c_{23}(-c_4c_5s_6-s_4c_6)+s_{23}s_5s_6\right]-c_1(c_4c_6+s_4c_5s_6) \\
r_{32} = -s_{23}(-c_4c_5s_6-s_4c_6)+c_{23}s_5s_6 \\
r_{13} = -c_1(c_{23}c_4s_5+s_{23}c_5)-s_1s_4s_5 \\
r_{23} = -s_1(c_{23}c_4s_5+s_{23}c_5)+c_1s_4s_5 \\
r_{33} = s_{23}c_4s_5-c_{23}c_5 \\
p_x = c_1(a_2c_2+a_3c_{23}-d_4s_{23})-d_2s_1 \\
p_y = s_1(a_2c_2+a_3c_{23}-d_4s_{23})+d_2c_1 \\
p_z = -a_3s_{23}-a_2s_2-d_4c_{23}
\end{cases} \tag{3-24}
$$

式(3-24)构成了工业机器人 PUMA 560 的运动学方程,是工业机器人全部运动学分析的基本方程。它们说明了如何计算工业机器人末端坐标系(也可认为是默认的工具坐标系)相对于基坐标系的位姿。

2. 逆运动学问题

逆运动学问题就是给定工业机器人末端执行器的位置和姿态,计算所有可到达给定位置和姿态的关节角。这是工业机器人实际应用中的一个基本问题。

这个复杂的几何问题,人每天都要进行成百上千次的"求解"——人的手臂动作规划。对于机器人系统,需要在控制系统内生成一种算法来实现这种逆向

📱 PPT

逆运动学问题

运算。从某种程度来讲,逆运动学问题的求解对于工业机器人系统来说是最重要的部分。

逆运动学问题是个"定位"映射问题,是将工业机器人位姿从三维笛卡儿空间,向内部关节空间的映射。当工业机器人目标位置用外部三维空间坐标表示时,则需要进行这种映射。某些早期的工业机器人没有这种映射算法,它们只能简单地被移动(有时要由人工示教)到期望位置,同时记录一系列关节变量(例如各关节空间的位置和姿态)以实现再现运动。显然,如果工业机器人仅仅是记录和再现被记录的工业机器人的关节位置和运动,那么就不需要任何从关节空间到笛卡儿空间的变换算法。由于对工业机器人功能要求的提升(不仅仅是还原被记录位置),现在已经很难找到一台没有这种逆运动学算法的工业机器人。

逆运动学方程解的存在与否限定了工业机器人的工作空间,无解表示目标点处在工作空间之外,机器人不能达到这个期望位姿。

对于正运动学方程,只要关节变量已知,末端执行器的位置和旋转矩阵的计算结果都是唯一的。而逆运动学问题就要复杂得多,原因如下:

1)要求解的方程通常是非线性的,因此并非总能找到一个闭合形式的解。

2)可能存在多解。

3)可能存在无穷多解。例如在机械臂存在冗余的情况下(冗余的相关内容详见3.2.5节)。

4)从机械手运动学结构的角度,可能不存在可行解。

5)仅当给定的末端执行器位置和方向属于机械手的灵巧空间时,才能保证解的存在。

3.2.4 雅可比矩阵

上面所讲解的运动学方程,描述的都是有关位姿的求解关系。但是除了分析静态定位问题之外,还需分析运动中的工业机器人(速度、加速度等)。为工业机器人定义雅可比矩阵就可以比较方便、快捷地进行机构的速度分析。雅可比矩阵定义了从关节空间速度向笛卡儿空间速度的映射关系,而这种映射关系也随着机器人位姿的变化而变化。

PPT
雅可比矩阵

严格来说,雅可比矩阵属于微分运动学的范畴,是多元形式的导数。例如,假设有6个函数,每个函数都有6个独立的变量:

$$
\begin{cases}
y_1 = f_1(x_1, x_2, x_3, x_4, x_5, x_6) \\
y_2 = f_2(x_1, x_2, x_3, x_4, x_5, x_6) \\
\qquad\qquad \vdots \\
y_6 = f_6(x_1, x_2, x_3, x_4, x_5, x_6)
\end{cases}
\tag{3-25}
$$

也可以用矢量符号表示这些函数:

$$
\boldsymbol{Y} = \boldsymbol{F}(\boldsymbol{X})
\tag{3-26}
$$

令 $\boldsymbol{X} = \begin{bmatrix} x_1 & x_2 & x_3 & x_4 & x_5 & x_6 \end{bmatrix}^{\mathrm{T}}$,$\boldsymbol{Y} = \begin{bmatrix} y_1 & y_2 & y_3 & y_4 & y_5 & y_6 \end{bmatrix}^{\mathrm{T}}$。如果想要计算出 y_i 的微分关于 x_j 的微分的函数,可以简单应用多元函数求导法则

计算,得到

$$
\begin{cases}
\delta y_1 = \dfrac{\partial f_1}{\partial x_1}\mathrm{d}x_1 + \dfrac{\partial f_1}{\partial x_2}\mathrm{d}x_2 + \cdots + \dfrac{\partial f_1}{\partial x_6}\delta x_6 \\[2mm]
\delta y_2 = \dfrac{\partial f_2}{\partial x_1}\mathrm{d}x_1 + \dfrac{\partial f_2}{\partial x_2}\mathrm{d}x_2 + \cdots + \dfrac{\partial f_2}{\partial x_6}\delta x_6 \\[2mm]
\qquad\qquad\qquad\vdots \\[2mm]
\delta y_6 = \dfrac{\partial f_6}{\partial x_1}\mathrm{d}x_1 + \dfrac{\partial f_6}{\partial x_2}\mathrm{d}x_2 + \cdots + \dfrac{\partial f_6}{\partial x_6}\delta x_6
\end{cases}
\tag{3-27}
$$

将式(3-27)改写为更为简单的矢量表达式

$$
\delta \boldsymbol{Y} = \frac{\partial \boldsymbol{F}}{\partial \boldsymbol{X}}\partial \boldsymbol{X}
\tag{3-28}
$$

式(3-28)中的 6×6 偏导数矩阵 $\dfrac{\partial \boldsymbol{F}}{\partial \boldsymbol{X}}$ 就是雅可比矩阵 $\boldsymbol{J}$。因此,式(3-28)也可表示为

$$
\delta \boldsymbol{Y} = \boldsymbol{J}(\boldsymbol{X})\delta \boldsymbol{X}
\tag{3-29}
$$

将上式两端同时除以时间的微分,可以将雅可比矩阵看成是 $\boldsymbol{X}$ 中的速度向 $\boldsymbol{Y}$ 中速度的映射

$$
\dot{\boldsymbol{Y}} = \boldsymbol{J}(\boldsymbol{X})\dot{\boldsymbol{X}}
\tag{3-30}
$$

$\boldsymbol{X}$ 始终有一个确定的值,$\boldsymbol{J}(\boldsymbol{X})$ 也是一个线性变换。在任一时刻,如果 $\boldsymbol{X}$ 改变,线性变换也会随之改变。所以,雅可比矩阵是时变的线性变换。

前面说过,在机器人运动学中,也常使用雅可比矩阵将关节空间速度与工业机器人末端的笛卡儿空间速度联系起来,比如

$$
{}^0\dot{\boldsymbol{X}} = {}^0\boldsymbol{J}(\boldsymbol{\theta})\dot{\boldsymbol{\theta}}
\tag{3-31}
$$

式中,$\boldsymbol{\theta}$ 是机器人关节角矢量。在式(3-31)中,给雅可比矩阵添加了左上角标,以表示笛卡尔速度所参考的坐标系(式(3-31)中为关节坐标系{0})。对于常见的 6 轴机器人,雅可比矩阵是 6×6 的矩阵,$\dot{\boldsymbol{\theta}}$ 是 6×1 维矢量,${}^0\boldsymbol{v}$ 也是 6×1 维矢量。

如图 3-17 所示,以最简单的平面两连杆机构为例,说明雅可比矩阵的求解。

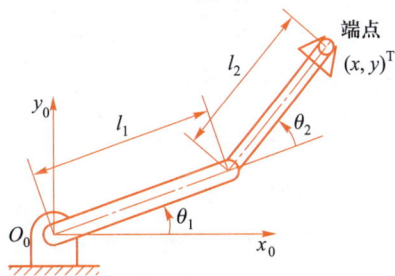

图 3-17　平面两连杆机构

其端点位置 x、y 与关节变量 θ_1、θ_2 的关系为

$$
\begin{cases}
x = l_1\cos\theta_1 + l_2\cos(\theta_1 + \theta_2) \\
y = l_1\sin\theta_1 + l_2\sin(\theta_1 + \theta_2)
\end{cases}
\tag{3-32}
$$

即

$$
\begin{cases}
x = x(\theta_1, \theta_2) \\
y = y(\theta_1, \theta_2)
\end{cases}
\tag{3-33}
$$

将其微分,得

$$\begin{cases} \delta x = \dfrac{\partial x}{\partial \theta_1}\delta\theta_1 + \dfrac{\partial x}{\partial \theta_2}\delta\theta_2 \\[3mm] \delta y = \dfrac{\partial y}{\partial \theta_1}\delta\theta_1 + \dfrac{\partial y}{\partial \theta_2}\delta\theta_2 \end{cases} \tag{3-34}$$

将其写成矩阵形式为

$$\begin{bmatrix} \delta x \\ \delta y \end{bmatrix} = \begin{bmatrix} \dfrac{\partial x}{\partial \theta_1} & \dfrac{\partial x}{\partial \theta_2} \\[3mm] \dfrac{\partial y}{\partial \theta_1} & \dfrac{\partial y}{\partial \theta_2} \end{bmatrix} \begin{bmatrix} \delta\theta_1 \\ \delta\theta_2 \end{bmatrix} \tag{3-35}$$

令

$$\boldsymbol{J} = \begin{bmatrix} \dfrac{\partial x}{\partial \theta_1} & \dfrac{\partial x}{\partial \theta_2} \\[3mm] \dfrac{\partial y}{\partial \theta_1} & \dfrac{\partial y}{\partial \theta_2} \end{bmatrix} \tag{3-36}$$

式(3-35)可简写为

$$\delta\boldsymbol{X} = \boldsymbol{J}\delta\boldsymbol{\theta} \tag{3-37}$$

式中,$\delta\boldsymbol{X} = \begin{bmatrix} \delta x \\ \delta y \end{bmatrix}$, $\delta\boldsymbol{\theta} = \begin{bmatrix} \delta\theta_1 \\ \delta\theta_2 \end{bmatrix}$。

将 $\boldsymbol{J}$ 称为描述图 3-17 所示的平面连杆的速度雅可比矩阵,它反映了关节空间微小运动 $\mathrm{d}\boldsymbol{\theta}$ 与手部作业空间微小位移 $\mathrm{d}\boldsymbol{X}$ 之间的关系。

若对式(3-36)进行运算,则平面两连杆机构的雅可比矩阵写为

$$\boldsymbol{J} = \begin{bmatrix} -l_1\sin\theta_1 - l_2\sin(\theta_1+\theta_2) & -l_2\sin(\theta_1+\theta_2) \\ l_1\cos\theta_1 + l_2\cos(\theta_1+\theta_2) & l_2\cos(\theta_1+\theta_2) \end{bmatrix} \tag{3-38}$$

雅可比矩阵的应用比较广泛,例如工业机器人并不总是在工作空间内自由运动,有时也会接触工件或工作台表面,并施加一个静力。在这种情况下,人们希望研究的问题是:一组什么样的关节力矩能够产生末端执行器所需的接触力和力矩? 这个问题属于动力学的范畴,但为了解决这种问题,同样要利用雅可比矩阵,详见 3.3.2 节。

3.2.5　奇异点与冗余

1. 运动学奇异点

工业机器人在运动中有可能会到达运动学奇异点。对机器人到达奇异点这种现象能够正确地理解对于工业机器人的设计人员和用户都是十分重要的。当一个机构处于某一位姿时,由于位姿的特殊性使一个关节失效了,也就是说在这个位姿上机构发生局部退化,就好像缺失了一个自由度一样。这种现象是所谓的机构奇异性造成的。所有的机构都会有这种问题,包括工业机器人,但这种奇异性并不影响工业机器人手臂在其工作空间内其他点的定位。

上面说了到达奇异点的直观现象,下面通过从运动学分析了解一下奇异点的本质。从上一节可知,雅可比矩阵可以将关节速度和笛卡儿速度联系起来,那么自然会出现一个问题:雅可比矩阵是可逆的吗? 换而言之,雅可比矩阵是非奇异的吗? 如果这个矩阵是非奇异的,那么已知笛卡儿速度时,就可以通过

对雅可比矩阵求逆计算出关节速度,计算方程为

$$\dot{\boldsymbol{\theta}} = \boldsymbol{J}^{-1}(\boldsymbol{\theta})\boldsymbol{v} \tag{3-39}$$

　　如果要求工业机器人末端执行器在笛卡儿空间以某个速度矢量运动,应用式(3-39)就可以计算出沿着这个路径每一瞬时所需要的关节速度。这样,雅可比矩阵可逆与否的实质就在于:雅可比矩阵对于所有的$\boldsymbol{\theta}$都是可逆的吗? 如果不是,在什么位置不可逆?

　　事实上,绝大多数工业机器人都具有使得雅可比矩阵出现不可逆的$\boldsymbol{\theta}$值,这些位置就成为机构的奇异位形或简称奇异点。所有的工业机器人在工作空间的边界都存在奇异点,并且大多数工业机器人在它们的工作空间内也有奇异点。也就是说,工业机器人的奇异位形基本可以分为两大类:

　　1) 工作空间边界的奇异点:出现在工业机器人手臂完全展开或者收回使得末端执行器处于非常接近工作空间边界的情况。

　　2) 工作空间内部的奇异点:出现在远离工作空间的边界,通常是由两个或两个以上的关节轴线共同引起的。

　　当一个工业机器人处于奇异点时,它会失去一个或多个自由度。也就是说,在笛卡儿空间的某个方向上,无论选择什么样的关节速度,都不能使机器人手臂运动。

　　2. 冗余分析

　　当机器人自由度的个数大于描述给定任务所必需的自由度个数时,称机器人是运动学冗余的。当操作空间的维度小于关节空间的维度时,机器人一定是冗余的。总之,冗余是一个与指定给机器人的任务有关的概念,一个机器人的自由度可能对于某个任务是冗余的,而对于另一个任务而言是非冗余的。

　　前面也提到,机器人的空间定位通常只需要6个自由度,一般来说,机器人的关节数等于自由度数目,这样看起来似乎6个关节已经是工业机器人关节数目的上限了。但其实拥有更多数量的可控关节会带来一定的好处,这也是7轴工业机器人出现的原因。

　　机器人冗余自由度的一个主要用途是在杂乱的工作环境中工作时避免发生碰撞。正如人们所知道的,6自由度的机器人只能以有限的几种方式到达指定的位姿,但是添加了第7个自由度后,将会有无穷种方式到达期望位姿,避免因障碍物影响路径的选择。

　　冗余自由度机器人的另一个应用是利用附加关节帮助机器人避开奇异位形。例如,任何一个3自由度腕关节都会有奇异位形的问题(试想一下当三条轴线处于同一平面时),但是4自由度的腕关节就能有效避免这种位形。

3.3　工业机器人静力学和力雅可比矩阵

　　工业机器人在作业时,当末端执行器(手部)与外界接触时,会引起各个关节产生相应的作用力,同时各关节的驱动装置也会给关节提供力和力矩,通过连杆传递到末端执行器,克服外界的作用力或力矩。图3-18所示为工业码垛

机器人搬运货物,当末端吸盘吸取货物时就会产生各关节间的相互作用力。但是当外界的作用力太大时(如机器人提取的物体太重,超出额定承重范围时),机器人就容易发生变形。

图 3-18   工业码垛机器人搬运货物

本节中介绍的工业机器人静力学就是研究机器人静止或缓慢运动时,作用在机器人上的力和力矩问题,特别是当末端执行器与外界接触时,各关节力(矩)与接触力或负载质量的平衡关系。

3.3.1   工业机器人静力和力矩的平衡

如图 3-19 所示,这里以机械臂中单个杆件为例进行受力分析,杆件 i 通过关节 i 和 $i+1$ 分别与杆件 $i-1$ 和杆件 $i+1$ 相连接,两个坐标系 $\{i-1\}$ 和 $\{i\}$ 分别如图 3-19 所示。

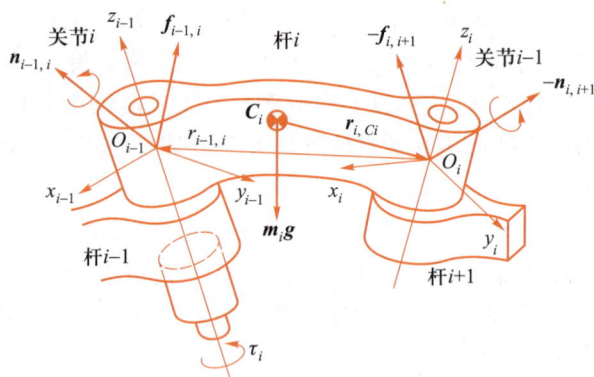

图 3-19   杆 i 上的力和力矩

定义变量如下:

1) $f_{i-1,i}$ 及 $n_{i-1,i}$——$i-1$ 杆通过关节 i 作用在 i 杆上的力和力矩;

2) $f_{i,i+1}$ 及 $n_{i,i+1}$——i 杆通过关节 $i+1$ 作用在 $i+1$ 杆上的力和力矩;

3) $-f_{i,i+1}$ 及 $-n_{i,i+1}$——$i+1$ 杆通过关节 $i+1$ 作用在 i 杆上的反作用力和反作用力矩;

4) $f_{n,n+1}$ 及 $n_{n,n+1}$——工业机器人末端执行器对外界环境的作用力和力矩;

5) $-f_{n,n+1}$ 及 $-n_{n,n+1}$——外界环境对工业机器人末端执行器的作用力和力矩;

6）$f_{0,1}$ 及 $n_{0,1}$——工业机器人机座对杆 1 的作用力和力矩；

7）$m_i g$——连杆 i 的重量，作用在质心 C_i 上。

连杆 i 的静力学平衡条件为其上所受的合力和合力矩为零，因此力和力矩平衡方程式为

$$f_{i-1,i} + (-f_{i,i+1}) + m_i g = 0 \tag{3-40}$$

$$n_{i-1,i} + (-n_{i,i+1}) + (r_{i-1,i} + r_i, C_i) \times f_{i-1,i} + (r_i, C_i) \times (-f_{i,i+1}) = 0 \tag{3-41}$$

式中，$r_{i-1,i}$ 为坐标系 $\{i\}$ 的原点相对于坐标系 $\{i-1\}$ 的位置矢量；r_i, C_i 为重心 C_i 相对于坐标系 $\{i\}$ 的位置矢量。

假如已知外界环境对工业机器人最末杆的作用力和力矩，那么可以由最后一个连杆向 0 号连杆（机座）依次递推，从而计算出每个连杆上的受力情况。

3.3.2　工业机器人力雅可比矩阵

工业机器人与外界接触时，末端执行器会对外界产生力 $f_{n,n+1}$ 和力矩 $n_{n,n+1}$，统称为末端广义力：

$$F = \begin{bmatrix} f_{n,n+1} \\ n_{n,n+1} \end{bmatrix} \tag{3-42}$$

当工业机器人处于静止状态时，末端广义力应和各关节驱动器的驱动力（或力矩）互相平衡。n 个关节的驱动力可写成一个 n 维矢量的形式，即

$$\tau = \begin{bmatrix} \tau_1 \\ \tau_2 \\ \vdots \\ \tau_n \end{bmatrix} \tag{3-43}$$

τ 称为广义关节力矩。对于转动关节，τ 表示关节驱动力矩；对于移动关节，τ 表示关节驱动力。

可以通过虚功原理（作用于平衡机械系统的所有主动力在任何虚位移中所做虚功的和等于零）推导出广义关节力矩和末端广义力之间的关系。

图 3-20 所示的曲柄滑块机构中，假想曲柄在平衡位置上转过极小角度 $\delta\theta$，同时点 A 沿着 OA 杆转动的切线方向有极小位移 δ_A，点 B 沿着导轨方向有相应的极小位移 δ_B，由此可知所谓虚位移就是满足机械系统几何约束的无限小的假想的位移，所谓虚功就是力在虚位移上所做的功。

图 3-21 所示为简化了的机器人系统，假设其处于静止状态，各关节虚位移 δq_n 组成了关节虚位移矢量 δq，末端执行器的虚位移矢量为 δX，它由线虚位移 d 矢量和角虚位移 δ 矢量组成。

$$\delta q = \begin{bmatrix} \delta q_1 & \delta q_2 & \cdots & \delta q_n \end{bmatrix}^{\mathrm{T}} \tag{3-44}$$

$$\delta X = \begin{bmatrix} d \\ \delta \end{bmatrix} = \begin{bmatrix} d_x \\ d_y \\ d_z \\ \delta_x \\ \delta_y \\ \delta_z \end{bmatrix} \tag{3-45}$$

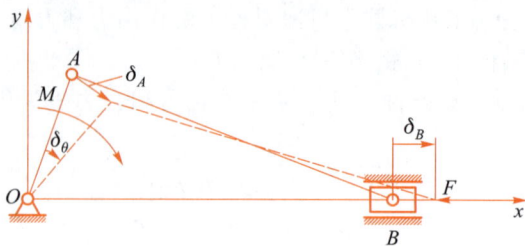

图 3-20　曲柄滑块机构中的虚位移

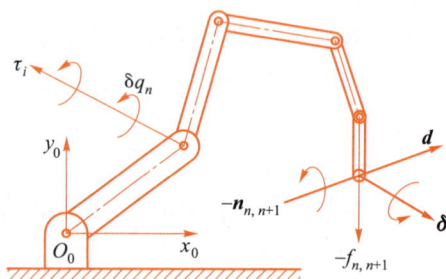

图 3-21　末端执行器及各关节的虚位移

由此可知,各个关节做的虚功为

$$\delta W = \tau_1 \delta q_1 + \tau_2 \delta q_2 + \cdots + \tau_n \delta q_n \tag{3-46}$$

末端执行器做的虚功为

$$\delta W = -\boldsymbol{f}_{n,n+1} \boldsymbol{d} - \boldsymbol{n}_{n,n+1} \boldsymbol{\delta} \tag{3-47}$$

根据虚功原理可知这两者的总和为零,即

$$\delta W_{总} = \tau_1 \delta q_1 + \tau_2 \delta q_2 + \cdots + \tau_n \delta q_n - \boldsymbol{f}_{n,n+1} \boldsymbol{d} - \boldsymbol{n}_{n,n+1} \boldsymbol{\delta} = 0 \tag{3-48}$$

可以将它简化成

$$\delta W = \boldsymbol{\tau}^{\mathrm{T}} \delta \boldsymbol{q} - \boldsymbol{F}^{\mathrm{T}} \delta \boldsymbol{X} = 0 \tag{3-49}$$

通过 3.2.4 节中介绍过的雅可比矩阵一般形式[式(3-29)],可以得出

$$\delta \boldsymbol{X} = \boldsymbol{J} \delta \boldsymbol{q} \tag{3-50}$$

代入式(3-49)后可以改写成

$$\delta \boldsymbol{W} = \boldsymbol{\tau}^{\mathrm{T}} \delta \boldsymbol{q} - \boldsymbol{F}^{\mathrm{T}} \delta \boldsymbol{X} = \boldsymbol{\tau}^{\mathrm{T}} \delta \boldsymbol{q} - \boldsymbol{F}^{\mathrm{T}} \boldsymbol{J} \delta \boldsymbol{q} = (\boldsymbol{\tau} - \boldsymbol{J}^{\mathrm{T}} \boldsymbol{F})^{\mathrm{T}} \delta \boldsymbol{q} = 0 \tag{3-51}$$

对于任意的关节虚位移 $\delta \boldsymbol{q}$,要使等式成立,可以得到

$$\boldsymbol{\tau} = \boldsymbol{J}^{\mathrm{T}} \boldsymbol{F} \tag{3-52}$$

式中,$\boldsymbol{\tau}$ 为广义关节力矩;$\boldsymbol{F}$ 为工业机器人末端广义力;$\boldsymbol{J}^{\mathrm{T}}$ 为工业机器人力雅可比矩阵,简称力雅可比。很明显,它等于工业机器人速度雅可比的转置。

3.3.3　工业机器人静力学问题求解

从末端广义力 $\boldsymbol{F}$ 与广义关节力矩 $\boldsymbol{\tau}$ 之间的关系式 $\boldsymbol{\tau} = \boldsymbol{J}^{\mathrm{T}} \boldsymbol{F}$ 可知,工业机器人的静力学计算可分为两类问题。

第一类问题:已知外界环境对工业机器人末端广义力 $\boldsymbol{F}'$(末端广义力 $\boldsymbol{F} = -\boldsymbol{F}'$),求相应的满足静力学平衡条件的关节驱动力矩 $\boldsymbol{\tau}$。

第二类问题:已知关节驱动力矩 $\boldsymbol{\tau}$,确定工业机器人末端执行器对外界环境的作用力 $\boldsymbol{F}$ 或可负载的质量。这类问题是第一类问题的逆解,即 $\boldsymbol{F} = (\boldsymbol{J}^{T})^{-1}\boldsymbol{\tau}$。

但是,由于工业机器人的自由度可能不是 6,比如当 $n>6$ 时,力雅可比矩阵就不是一个 6×6 方阵,则 $\boldsymbol{J}^{T}$ 就没有逆解。所以,对这类问题的求解就困难得多,在一般情况下不一定能得到唯一的解,如果 $\boldsymbol{F}$ 的维数比 $\boldsymbol{\tau}$ 的维数低,且 $\boldsymbol{J}$ 是满秩的话,则可以利用最小二乘法求得 $\boldsymbol{F}$ 的估值(此处不做详细介绍)。下面通过一个例子来进一步理解工业机器人静力学问题求解的方法。

图 3-22 所示是一个 2 自由度平面关节型机械手,已知末端广义力 $\boldsymbol{F} = [F_x, F_y]^{T}$,求当 $\theta_1 = 0,\theta_2 = 90°$ 时的瞬时关节力矩(不考虑摩擦)。

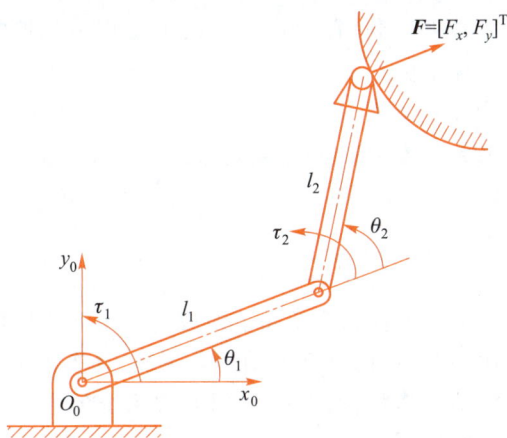

图 3-22　二自由度平面关节型机械手

根据上一节的学习已知该机械手的速度雅可比为

$$\boldsymbol{J} = \begin{bmatrix} -l_1 \sin\,\theta_1 - l_2 \sin(\theta_1 + \theta_2) & -l_2 \sin(\theta_1 + \theta_2) \\ l_1 \cos\,\theta_1 + l_2 \cos(\theta_1 + \theta_2) & l_2 \cos(\theta_1 + \theta_2) \end{bmatrix} \qquad (3-53)$$

此外,力雅可比为速度雅可比的转置,因此有

$$\boldsymbol{J}^{T} = \begin{bmatrix} -l_1 \sin\,\theta_1 - l_2 \sin(\theta_1 + \theta_2) & l_1 \cos\,\theta_1 + l_2 \cos(\theta_1 + \theta_2) \\ -l_2 \sin(\theta_1 + \theta_2) & l_2 \cos(\theta_1 + \theta_2) \end{bmatrix} \qquad (3-54)$$

根据公式 $\boldsymbol{\tau} = \boldsymbol{J}^{T}\boldsymbol{F}$,得

$$\boldsymbol{\tau} = \begin{bmatrix} \tau_1 \\ \tau_2 \end{bmatrix} = \begin{bmatrix} -l_1 \sin\,\theta_1 - l_2 \sin(\theta_1 + \theta_2) & l_1 \cos\,\theta_1 + l_2 \cos(\theta_1 + \theta_2) \\ -l_2 \sin(\theta_1 + \theta_2) & l_2 \cos(\theta_1 + \theta_2) \end{bmatrix} \begin{bmatrix} F_x \\ F_y \end{bmatrix} \qquad (3-55)$$

所以

$$\tau_1 = -[l_1 \sin\,\theta_1 + l_2 \sin(\theta_1 + \theta_2)]F_x + [l_1 \cos\,\theta_1 + l_2 \cos(\theta_1 + \theta_2)]F_y \qquad (3-56)$$

$$\tau_2 = -l_2 \sin(\theta_1 + \theta_2)F_x + l_2 \cos(\theta_1 + \theta_2)F_y \qquad (3-57)$$

若如图 3-22 所示,当 $\theta_1 = 0°,\theta_2 = 90°$ 时,与末端广义力相对应的关节力矩为

$$\tau_1 = -l_2 F_x + l_1 F_y, \quad \tau_2 = -l_2 F_x \qquad (3-58)$$

3.4   工业机器人动力学分析

动力学分析的问题是作用于物体的力与物体运动之间的关系。通过将工业机器人的结构件视为刚体,并运用数学计算的方式列出动力学方程的过程称为构建动力学模型。动力学问题有正动力学问题(正动力学模型)及逆动力学问题(逆动力学模型)。正动力学问题是已知机器人手臂关节的驱动力,求解各个关节位移、速度和加速度。逆动力学问题是已知运动轨迹点上的位移、速度和加速度,求出相应的关节驱动力。

研究工业机器人动力学的目的是多方面的。正动力学问题的研究目的主要是工业机器人设计阶段的运动仿真。逆动力学问题的研究对实现工业机器人实时控制是相当有益的。利用动力学模型,可实现最优控制求解,以期达到良好的动态性能和最优指标。

工业机器人动力学问题的求解比较困难,往往需要较长的运算时间。因此,简化求解过程,最大限度地减少工业机器人动力学方程计算的时间是一个受到关注的研究课题。

3.4.1   工业机器人动力学方程

工业机器人是由多个连杆和多个关节组成的一个非线性(一个系统中输出不与其输入成简单比例关系)的复杂的动力学系统,具有多个输入和多个输出。因此要分析机器人的动力学特性,必须采用非常系统的方法,目前可采用的分析方法很多,包括拉格朗日(Lagrange)法、牛顿—欧拉(Newton-Euler)法、高斯(Gauss)法、凯恩(Kane)法、旋量对偶数法和罗伯逊—魏登堡(Roberson-Wit-Tenburg)法等。

在上述这些方法当中,拉格朗日法不仅能以最简单的形式(由于可以不考虑杆件之间的相互作用力)建立非常复杂的系统动力学方程,且方程的物理意义比较明确,便于对工业机器人动力学的理解,成为工业机器人动力学分析的代表性方法。

1. 拉格朗日函数

拉格朗日法是根据全部杆件的动能和势能求出拉格朗日函数,再代入拉格朗日方程式中,导出机械运动方程式的分析方法。拉格朗日函数 L(又称拉格朗日算子)是一个机械系统的动能 E_k 和势能 E_p 之差,即

$$L = E_k - E_p \tag{3-59}$$

式中,E_k 为系统动能,E_p 为系统势能。

2. 拉格朗日方程

图 3-23 所示为具有 n 个自由度的工业机器人系统简图,关节 i 处于杆件 $i-1$ 和杆件 i 的连接部位。在杆件 i 上设置 i 坐标系 x_i, y_i, z_i,使 z_i 轴和关节轴重合。

该系统的拉格朗日方程为

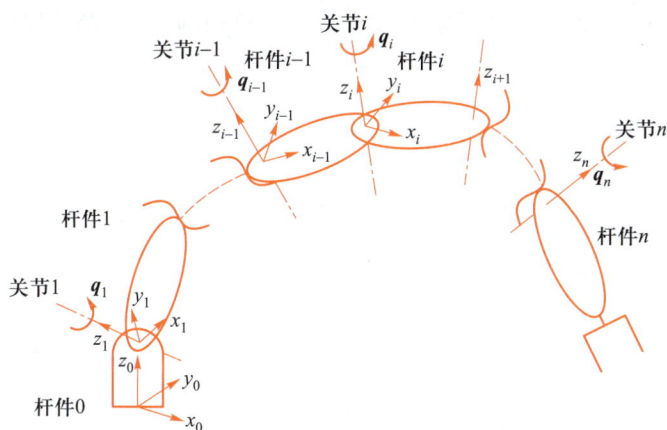

图 3-23　n 个自由度的工业机器人系统简图

$$F_i = \frac{\mathrm{d}}{\mathrm{d}t}\left(\frac{\partial L}{\partial \dot{q}_i}\right) - \frac{\partial L}{\partial q_i} \quad (i = 1, 2, \cdots, n) \tag{3-60}$$

式中，L 为拉格朗日函数；n 为连杆数目；F_i 称为关节 i 的广义驱动力；q_i 是使系统具有完全确定位置的广义关节变量，$\dot{q}_i$ 是相应的广义关节速度（即广义关节变量 q_i 对于时间的一阶导数）。当 q_i 是位移变量时，$\dot{q}_i$ 是线速度，对应的 F_i 为驱动力；当 q_i 是角度变量时，$\dot{q}_i$ 是角速度，对应的 F_i 为驱动力矩。

根据物理知识可以知道，势能和广义关节速度 $\dot{q}_i$ 没有关系，所以式（3-60）也可以简化为

$$F_i = \frac{\mathrm{d}}{\mathrm{d}t}\left(\frac{\partial E_k}{\partial \dot{q}_i}\right) - \frac{\partial E_k}{\partial q_i} + \frac{\partial E_p}{\partial q_i} \quad (i = 1, 2, \cdots, n) \tag{3-61}$$

3. 用拉格朗日法建立工业机器人动力学方程

1）选取坐标系，选定独立的广义关节变量 $q_i(i = 1, 2, \cdots, n)$。

2）选定相应的关节上的广义力 F_i：当 q_i 是位移变量时，则 F_i 为力；当 q_i 是角度变量时，则 F_i 为力矩。

3）求出工业机器人各构件的动能和势能。

4）构造拉格朗日函数。

5）代入拉格朗日方程求得工业机器人系统的动力学方程。

3.4.2　2 自由度平面关节型机构动力学方程

工业机器人动力学方程包含的因素有很多，种种因素都在影响工业机器人的动力学特性，为了便于理解，此处仅就比较简单的 2 自由度平面关节型工业机器人动力学方程进行分析。

下面以图 3-24 为例介绍 2 自由度平面关节机器人动力学方程的建立方法。

（1）选取坐标系及广义关节变量

选取笛卡儿坐标系，规定 x_0 轴及 y_0 轴的正方向；q_i 是关节变量，由于本例中为转动关节，令连杆 1 和连杆 2 的关节变量分别为转角 θ_1 和 θ_2；连杆 1 和连杆 2 的质量分别是 m_1 和 m_2，杆长分别为 l_1 和 l_2，质心分别在 O_1 和 O_2 处，离关节 1 和

关节 2 的关节中心的距离分别为 p_1 和 p_2。因此，杆 1 质心 O_1 的位置坐标为

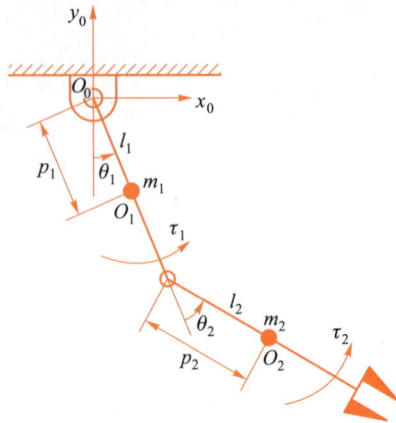

图 3-24　2 自由度平面关节型机构动力学方程的建立

$$x_1 = p_1 \sin \theta_1 \tag{3-62}$$

$$y_1 = -p_1 \cos \theta_1 \tag{3-63}$$

连杆 2 质心 O_2 的位置坐标为

$$x_2 = l_1 \sin \theta_1 + p_2 \sin(\theta_1 + \theta_2) \tag{3-64}$$

$$y_2 = -l_1 \cos \theta_1 - p_2 \cos(\theta_1 + \theta_2) \tag{3-65}$$

（2）选定相应的关节上的广义力 F_i

当 q_i 是角度变量时，F_i 为力矩，令关节 1 和关节 2 处的驱动力矩为 τ_1 和 τ_2。

（3）求出各构件的动能和势能

连杆 1 的动能为 $E_{k1} = \dfrac{1}{2} I_1 \dot{\theta}_1^2$，式中，$I_1$ 为连杆 1 绕关节 1 的转动惯量。

连杆 1 的势能为 $E_{p1} = m_1 g p_1 (1 - \cos \theta_1)$，计算时以质心处于最低位置时的状态为势能零点。

对于连杆 2 来说，它的动能有两部分组成，一部分是连杆 2 绕关节 1 转动的动能，由于连杆 2 的关节同时也在运动，因此，另一部分的动能是连杆 2 关于轴运动速度的动能。

连杆 2 绕关节转动时的动能为：$E_{k2-1} = \dfrac{1}{2} I_2 (\dot{\theta}_1 + \dot{\theta}_2)^2$，式中，$I_2$ 为连杆 2 绕关节 1 的转动惯量。

要计算连杆 2 关于轴运动速度的动能，首先需要计算出质心 O_2 处的速度，质心 O_2 处的速度分量分别如下。

杆 2 质心 O_2 的速度为

$$\dot{x}_2 = l_1 \dot{\theta}_1 \cos \theta_1 + p_2 (\dot{\theta}_1 + \dot{\theta}_2) \cos(\theta_1 + \theta_2)$$
$$\dot{y}_2 = l_1 \dot{\theta}_1 \sin \theta_1 + p_2 (\dot{\theta}_1 + \dot{\theta}_2) \sin(\theta_1 + \theta_2) \tag{3-66}$$

杆 2 质心 O_2 的速度二次方为

$$\dot{x}_2^2 + \dot{y}_2^2 = l_1^2 \dot{\theta}_1^2 + p_2^2 (\dot{\theta}_1 + \dot{\theta}_2)^2 + 2 l_1 p_2 (\dot{\theta}_1^2 + \dot{\theta}_1 \dot{\theta}_2) \cos \theta_2 \tag{3-67}$$

则连杆 2 关于轴运动速度的动能为

$$E_{k2-2} = \frac{1}{2} m_2 l_1^2 \dot{\theta}_1^2 + \frac{1}{2} m_2 p_2^2 (\dot{\theta}_1 + \dot{\theta}_2)^2 + m_2 l_2 p_2 (\dot{\theta}_1^2 + \dot{\theta}_1 \dot{\theta}_2) \cos \theta_2 \quad (3-68)$$

因此连杆 2 的总动能为

$$E_{k2} = E_{k2-1} + E_{k2-2} \quad (3-69)$$

连杆 2 的势能为

$$E_{p2} = m_2 g l_1 (1 - \cos \theta_1) + m_2 g p_2 [1 - \cos(\theta_1 + \theta_2)] \quad (3-70)$$

（计算时以质心处于最低位置时的状态为势能零点）

（4）构造拉格朗日函数

$$\begin{aligned} L &= E_k - E_p \\ &= \frac{1}{2}(I_1 + m_2 l_1^2)\dot{\theta}_1^2 + \frac{1}{2}(I_2 + m_2 p_2^2)(\dot{\theta}_1 + \dot{\theta}_2)^2 + m_2 l_1 p_2 (\dot{\theta}_1^2 + \dot{\theta}_1 \dot{\theta}_2) \cos \theta_2 - \\ &\quad (m_1 p_1 + m_2 l_1) g (1 - \cos \theta_1) - m_2 g p_2 [1 - \cos(\theta_1 + \theta_2)] \end{aligned} \quad (3-71)$$

（5）代入拉格朗日方程求系统的动力学方程

根据式（3-60）拉格朗日方程，可计算各关节上的力矩，得到系统动力学方程。

计算关节 1 上的力矩 τ_1：

$$\frac{\partial L}{\partial \dot{\theta}_1} = (I_1 + m_2 l_1^2)\dot{\theta}_1 + (I_2 + m_2 p_2^2)(\dot{\theta}_1 + \dot{\theta}_2) + m_2 l_1 p_2 (2\dot{\theta}_1 + \dot{\theta}_2) \cos \theta_2$$

$$\frac{\partial L}{\partial \theta_1} = -(m_1 p_1 + m_2 l_1) g \sin \theta_1 - m_2 g p_2 \sin(\theta_1 + \theta_2) \quad (3-72)$$

所以

$$\begin{aligned} \tau_1 &= \frac{\mathrm{d}}{\mathrm{d}t}\left(\frac{\partial L}{\partial \dot{\theta}_1}\right) - \frac{\partial L}{\partial \theta_1} \\ &= (I_1 + m_2 l_1^2 + I_2 + 2 m_2 l_1 p_2 \cos \theta_2) \ddot{\theta}_1 + (I_2 + m_2 l_1 p_2 \cos \theta_2) \ddot{\theta}_2 + \\ &\quad (-2 m_2 l_1 p_2 \sin \theta_2) \dot{\theta}_1 \dot{\theta}_2 + (-m_2 l_1 p_2 \sin \theta_2) \dot{\theta}_2^2 + (m_1 p_1 + m_2 l_1) g \sin \theta_1 + \\ &\quad m_2 g p_2 \sin(\theta_1 + \theta_2) \end{aligned} \quad (3-73)$$

式（3-73）可简写为

$$\tau_1 = D_{11} \ddot{\theta}_1 + D_{12} \ddot{\theta}_2 + D_{112} \dot{\theta}_1 \dot{\theta}_2 + D_{122} \dot{\theta}_2^2 + D_1 \quad (3-74)$$

由此可得

$$\begin{cases} D_{11} = I_1 + m_2 l_1^2 + I_2 + 2 m_2 l_1 p_2 \cos \theta_2 \\ D_{12} = I_2 + m_2 l_1 p_2 \cos \theta_2 \\ D_{112} = -2 m_2 l_1 p_2 \sin \theta_2 \\ D_{122} = -m_2 l_1 p_2 \sin \theta_2 \\ D_1 = (m_1 p_1 + m_2 l_1) g \sin \theta_1 + m_2 g p_2 \sin(\theta_1 + \theta_2) \end{cases} \quad (3-75)$$

计算关节 2 上的力矩 τ_2：

$$\frac{\partial L}{\partial \dot{\theta}_2} = I_2 (\dot{\theta}_1 + \dot{\theta}_2) + m_2 l_1 p_2 \dot{\theta}_1 \cos \theta_2$$

$$\frac{\partial L}{\partial \theta_2} = -m_2 l_1 p_2 (\dot{\theta}_1^2 + \dot{\theta}_1 \dot{\theta}_2) \sin \theta_2 - m_2 g p_2 \sin(\theta_1 + \theta_2) \quad (3-76)$$

所以

$$\tau_2 = \frac{\mathrm{d}}{\mathrm{d}t}\left(\frac{\partial L}{\partial \dot{\theta}_2}\right) - \frac{\partial L}{\partial \theta_2} = (I_2 + m_2 p_2^2 + m_2 l_1 p_2 \cos\theta_2)\ddot{\theta}_1 + (I_2 + m_2 p_2^2)\ddot{\theta}_2 +$$

$$\left[(-m_2 l_1 p_2 + m_2 l_1 p_2)\sin\theta_2\right]\dot{\theta}_1\dot{\theta}_2 +$$

$$(m_2 l_1 p_2 \sin\theta_2)\dot{\theta}_1^2 + m_2 g p_2 \sin(\theta_1 + \theta_2) \tag{3-77}$$

式(3-77)可简写为

$$\tau_2 = D_{21}\ddot{\theta}_1 + D_{22}\ddot{\theta}_2 + D_{212}\dot{\theta}_1\dot{\theta}_2 + D_{211}\dot{\theta}_1^2 + D_2 \tag{3-78}$$

由此可得

$$\begin{cases} D_{21} = I_2 + m_2 l_1 p_2 \cos\theta_2 \\ D_{22} = I_2 \\ D_{212} = (-m_2 l_1 p_2 + m_2 l_1 p_2)\sin\theta_2 \\ D_{211} = m_2 l_1 p_2 \sin\theta_2 \\ D_2 = m_2 g p_2 \sin(\theta_1 + \theta_2) \end{cases} \tag{3-79}$$

式(3-74)、式(3-75)及式(3-78)、式(3-79)分别表示了关节驱动力矩与关节位移、速度、加速度之间的关系,即力和运动之间的关系,称之为图 3-24 所示 2 自由度平面关节型机构的动力学方程。

1) 含有 $\ddot{\theta}_1$ 或 $\ddot{\theta}_2$ 的项表示由于加速度引起的关节力矩项,其中:

含有 D_{11} 和 D_{22} 的项分别称作关节 1 加速度和关节 2 加速度引起的惯性力矩项;

含有 D_{12} 的项称作关节 2 的加速度对关节 1 的惯性耦合力矩项;

含有 D_{21} 的项称作关节 1 的加速度对关节 2 的惯性耦合力矩项。

2) 含有 $\dot{\theta}_1^2$ 和 $\dot{\theta}_2^2$ 的项表示由于向心力引起的关节力矩项,其中:

含有 D_{122} 的项称作关节 2 速度引起的向心力对关节 1 的耦合力矩项;

含有 D_{211} 的项称作关节 1 速度引起的向心力对关节 2 的耦合力矩项。

3) 含有 $\dot{\theta}_1\dot{\theta}_2$ 的项表示由于哥氏力引起的关节力矩项,其中:

含有 D_{112} 的项称作哥氏力对关节 1 的耦合力矩项;

含有 D_{212} 的项称作哥氏力对关节 2 的耦合力矩项。

4) 只含关节变量 θ_1、θ_2 的项表示重力引起的关节力矩项。其中:

含有 D_1 的项称作连杆 1、连杆 2 的质量对关节 1 引起的重力矩项;

含有 D_2 的项称作连杆 2 的质量对关节 2 引起的重力矩项。

从上面推导可以看出,结构很简单的 2 自由度平面关节型机构的动力学方程已经很复杂,包含很多因素,这些因素都在影响工业机器人的动力学特性。对于复杂的多自由度工业机器人,动力学方程结构更加庞大,推导过程也更为复杂。不仅如此,对工业机器人实时控制的求解也带来不小的麻烦。通常,有如下简化动力学模型的方法:

1) 当杆件质量很小时,动力学方程中的重力矩项可以省略。

2) 当关节速度不大,工业机器人不是高速工业机器人时,含有 $\dot{\theta}_1^2$、$\dot{\theta}_2^2$、$\dot{\theta}_1\dot{\theta}_2$ 的项可以省略。

3）当关节加速度不大,也就是关节驱动装置的升降速度不是很突然时,那么含 $\ddot{\theta}_1$、$\ddot{\theta}_2$ 的项可以省略。

思考与练习题

1. 填空题

（1）机器人的主要技术参数有_____、_____、_____、_____、工作载荷等。

（2）_____指的是描述某系统所需的独立坐标的个数。

（3）三维空间中物体的运动最多可以有 6 个自由度,即在笛卡儿坐标系中沿 3 个轴线方向的_____以及绕 3 个坐标轴的_____。

（4）工业机器人的工作空间是指工业机器人做所有可达的运动时_____扫过的全部空间,是由工业机器人本体的几何形状和关节限位决定的。

（5）工业机器人的额定负载是正常操作条件下,作用于机器人_____,且不会使机器人性能降低的_____负载。额定负载包括末端执行器、附件、工件的_____。

2. 选择题

（1）（　　）是机器人每轴或关节所能达到的最小位移增量。

A. 分辨率　　　　B. 重复精度　　　　C. 负载参数　　　　D. 定位精度

（2）（　　）是设定在工业机器人关节处的坐标系。

A. 工具坐标系　　　　　　B. 世界坐标系

C. 工件坐标系　　　　　　D. 关节坐标系

（3）（　　）是指给出关节的位置、速度、加速度,求各个杆件的位置、姿态、速度、加速度、角速度、角加速度的问题。

A. 逆运动学问题　　　　　　B. 正动力学问题

C. 正运动学问题　　　　　　D. 逆动力学问题

（4）（　　）是沿规定路径单位时间内,工业机器人末端执行器安装点(腕部末端法兰中心点)或工具中心点速度的变化。

A. 标准循环　　　　　　B. 路径加速度

C. 路径速度　　　　　　D. 单关节加速度

（5）（　　）是由制造商指明的,在限定的操作条件下,能作用于工业机器人末端执行器,且工业机器人结构不会被损坏或失效的最大负载。

A. 极限负载　　　　　　B. 附加负载

C. 额定负载　　　　　　D. 以上均不是

3. 简答与分析题

（1）工业机器人的工作空间就是灵巧空间吗?

（2）简述工业机器人正运动学和逆运动学分别用于解决什么样的问题。

思考与练习题
答案

第 4 章　传感与感知

思维导图

传感与感知
- 工业机器人内部传感器
  - 编码器
    - 增量式光电编码器
    - 绝对式光电编码器
  - 温度传感器
  - 湿度传感器
- 工业机器人外部传感器
  - 视觉传感器
  - 力学传感器
  - 触觉传感器
    - 接触觉、接近觉、压觉、滑觉
  - 距离传感器
  - 防爆传感器
  - 其他外部传感器
- 多传感器系统
  - 多传感器系统的定义及分类
  - 工业机器人中的多传感器系统

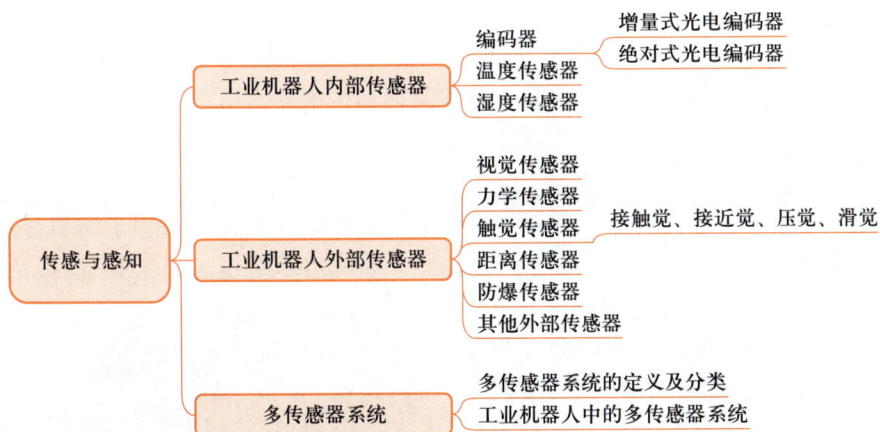

　　传感器一般指能感受规定的被测量,并按照一定的规律(数学函数法则)转换成可用信号的器件或装置,通常由敏感元件和转换元件组成。工业机器人系统中或者工业机器人集成系统中通常配备了丰富的传感设备,相当于人类的神经感知,用于系统实时获取内部和外部的详细外部环境信息。工业机器人的传感与感知有利于保证机器人工作的稳定性和可靠性,与机器人控制系统组成机器人的核心。

　　本章首先讲解工业机器人的内部传感器,这些传感器主要用于获取系统自身的运行状态;然后讲解系统可以集成使用的外部传感器,用于系统准确获取外部环境信息;最后基于前面讲解的内容,介绍典型的多传感器系统。

4.1　工业机器人内部传感器

国家标准 GB/T 7665—2005 对传感器的定义是:能感受被测量并按照一定的规律转换成可用输出信号的器件或装置,通常由敏感元件和转换元件组成。

工业机器人的传感器按照使用位置可分为内部传感器和外部传感器。内部传感器是安装在机器人本体或控制系统内的,用于感知机器人内部状态,以调整并控制机器人的行动。内部传感器主要有位置和位移传感器、速度传感器。另外,温度传感器、湿度传感器也常作为内部传感器使用。

4.1.1　编码器

编码器如图 4-1 所示,是将信号或数据进行编制,并转换为可用于通信、传输和存储的信号形式的设备,在工业机器人中常被用作测量运动位置、位移及速度的内部传感器。按照编码拾取元件与码盘是否接触,可以将编码器分为接触式编码器和非接触式编码器;按照工作原理的不同,又可以将编码器分为光电编码器和磁电编码器。

磁电编码器采用磁阻或者霍耳元件对变化的磁性材料的角度或者位移值进行测量,磁性材料角度或者位移的变化会引起一定电阻或者电压的变化,经放

图 4-1　编码器

大电路对变化量进行放大,单片机处理后输出脉冲信号或者模拟量信号,达到测量的目的。

光电编码器是一种将输出轴上的位移量,通过光电转换成脉冲或数字量的传感器。光电编码器首先把被测量(角位移和直线位移)的变化转换成光信号的变化,然后借助光敏器件进一步将光信号转换成电信号,最后以数字代码输出达到测量目的。光电编码器是由光栅盘和光电检测装置组成,按信号采集原理可以分为增量式光电编码器、绝对式光电编码器和混合式光电编码器。工业机器人关节轴上配备的光电编码器,一般为绝对式光电编码器。

1. 增量式光电编码器

增量式光电编码器由光源、码盘、检测光栅、光电检测器件和转换电路组成(如图 4-2 所示)。码盘上相邻的两个节距相等的辐射状透光缝隙夹角,代表一个增量周期;检测光栅上刻有同心的 A 相、B 相两层光栅,在编码盘上互相错开半个节距,如图 4-3 所示。在 A 相光栅与 B 相光栅上分别有间隔相等的透明和不透明区域,用于透光和遮光。码盘随电动机转动时,光电检测器件将接收到周期变化的光信号,经电路转换为周期性电信号,实现将角位移或直线位移以脉冲数的形式输出。脉冲频率则可换算为电动机转速。

增量式光电编码器利用光电转换原理输出 A、B 和 Z 相三组方波脉冲。其中,A、B 两组脉冲是经过倍频逻辑电路对光电转换信号处理过的,存在相位差

(4 倍频电路时相位差为 90°),两组信号的相位差用于判断电动机的旋转方向;Z 相则为计数脉冲,为每圈一个的零位脉冲信号,用于基准点定位。增量式光电编码器的脉冲信号如图 4-4 所示。当码盘逆时针方向旋转时,A 相超前 B 相 90° 的相位角(1/4 周期),产生近似正弦量的信号。这些信号被放大、整形后成为脉冲数字信号。

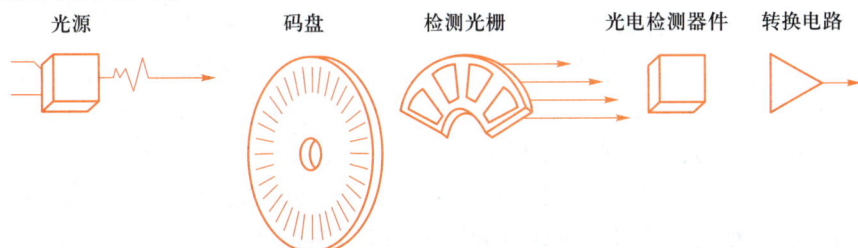

图 4-2　增量式光电编码器组成示意图

增量式编码器的分辨率(分辨角)以轴转动一周所产生的输出信号的基本周期数来表示,即脉冲数每转(PPR)。码盘旋转一周输出的脉冲信号数目取决于透光缝隙数目的多少,码盘上刻的缝隙越多,编码器的分辨率就越高。假设码盘的透光缝隙数目(线数)为 n 线,则此增量式编码器的分辨率为 nPPR。

编码器脉冲周期的计算方法为 $360°/n$,经过 A、B 两相 4 倍频(倍频由倍频逻辑电路实现,一般得到 2 倍频或 4 倍频的脉冲信号,从而进一步提高编码器精度)后,可获得编码器精度为 $360°/4n$。如有 100 个透光缝隙,则此时分辨率为 100 PPR,精度为 0.9°。

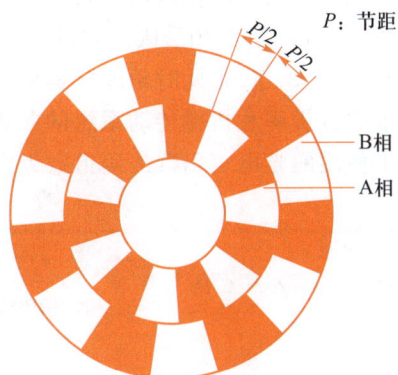

图 4-3　码盘示意图

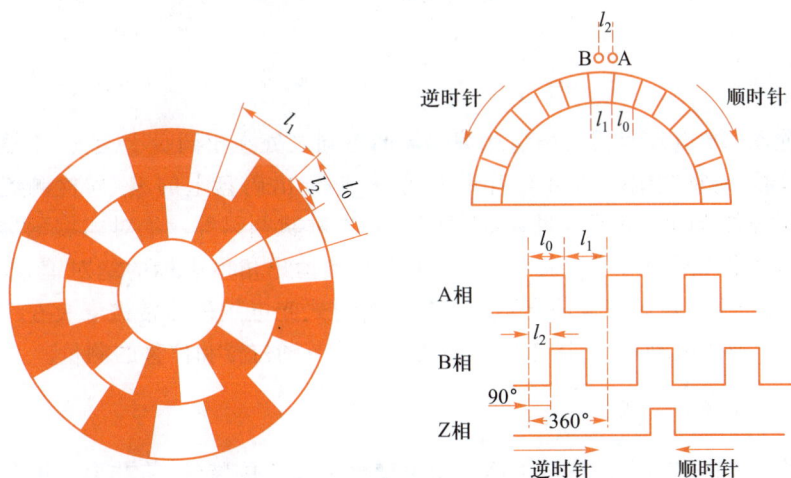

图 4-4　增量式光电编码器的脉冲信号

在工业应用中,根据不同的应用对象,通常可选择分辨率为 500 ~ 6 000 PPR 的增量式光电编码器。在交流伺服电动机控制系统中,通常选用分辨率为 2 500 PPR 的编码器。

增量式光电编码器的优点是原理、构造简单,机械平均寿命可在几万小时以上,抗干扰能力强,可靠性高,适用于长距离传输;缺点是无法输出轴转动的绝对位置信息。增量式光电编码器广泛应用于数控机床、回转台、伺服传动等装置和设备中。

2. 绝对式光电编码器

绝对式光电编码器结构如图 4-5 所示,主要由多路光源、光敏器件和编码盘组成。码盘处在光源与光敏器件之间,其轴与电动机轴相连,随电动机的转动而旋转。绝对式编码器是利用自然二进制或循环二进制(格雷码)等编码进行光电转换。图 4-6 所示编码盘上有 n 个同心圆环码道,整个圆盘又以一定的编码形式(例如自然二进制编码)分为若干(2^n)扇形区段。每个扇形区段含 n 个有黑有白的小区段,黑色区段不透光,白色区段透光。编码器码盘上的码道个数代表编码器的位数(位数越大,编码器精度越高,目前机器人使用的编码器位数多为 17 位)。扇形区段数目 2^n 即为编码器分辨率,则编码器精度为 $360°/2^n$。如有 10 个码道,则此时角度分辨率可达 $0.35°$。在应用中通常需考虑伺服系统要求的分辨率和机械传动系统的参数,以选择码道数目合适的编码器。目前市场上使用的光电编码器的码道数大多数为 4 ~ 18 道。

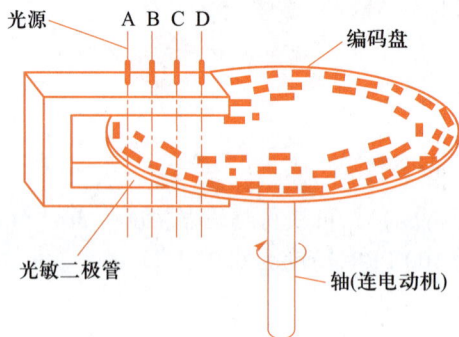

图 4-5　绝对式光电编码器结构　　　　图 4-6　绝对式光电编码器码盘

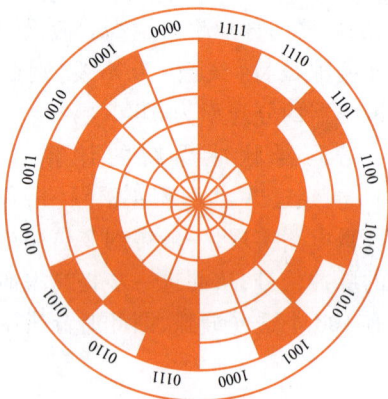

绝对式光电编码器与增量式编码器的不同之处在于圆盘上透光、不透光的线条图形,绝对式编码器可有若干编码,根据读出码盘上的编码,检测绝对位置。编码的设计可采用二进制码、循环码、二进制补码等。绝对式编码器分单圈绝对式和多圈绝对式。其特点有:可以直接读出角度坐标的绝对值,没有累积误差,电源切除后位置信息不会丢失。绝对式光电编码器常被安装在工业机器人关节轴的电动机上,用来实现对机器人关节轴位置和位移的测量。

4.1.2　温度传感器

温度传感器是利用热敏电阻的阻值随温度变化的特性,将非电学的物理量转换为电学量,从而实现温度精确测量与自动控制的半导体器件。按测量方式,可分为接触式和非接触式两大类;按照传感器材料及电子元件特性,又可分为热电阻和热电偶两大类。

电机温度传感器也叫作电机温控器，是工业机器人内部常用的温度传感器，如图4-7所示。其作用是，当电机温度上升时，自动断开控制电路；当温度下降到一定值时，自动复位，从而保护电机不会因为高温而烧坏。

另外，工业机器人对工作环境的温度有一定的要求的。当工业机器人处于恶劣环境下，则可能无法正常完成各项作业。

图4-7　电机温度传感器

例如在低温下工作时，工业机器人控制系统的电路板可能会受到影响，从而影响机器人的工作精度。因此，温度传感器也可用于工业机器人控制系统内部或工作环境中，用于监测工作环境温度，保障其工作精度。

4.1.3　湿度传感器

湿度传感器如图4-8所示，可以实现对湿度的检测。湿敏元件如图4-9所示，是最简单的湿度传感器，主要有电阻式、电容式两大类。湿敏电阻的工作特点是在基片上覆盖一层用感湿材料制成的膜，当感湿膜上吸附到空气中的水蒸气时，元件的电阻率和电阻值都发生变化。利用这一特性，湿敏电阻便可测量湿度。湿敏电容一般是用高分子薄膜电容制成的，常用的高分子材料有聚苯乙烯、聚酰亚胺、酪酸醋酸纤维等。当环境湿度发生改变时，湿敏电容的介电常数发生变化，改变其电容量。湿敏电容的电容变化量与相对湿度成正比，从而达到测量湿度的目的。

图4-8　湿度传感器

图4-9　湿敏元件

与温度传感器一样，湿度传感器也用来感知机器人的工作环境条件，通常被安置在机器人控制系统内部或工作环境中，对机器人工作环境的湿度进行监测。

4.2　工业机器人外部传感器

PPT
工业机器人
外部传感器

机器人外部传感器用于监测环境及目标对象的状态特征，是机器人与外界交互的桥梁，使得机器人对环境有识别、校正和适应能力，例如感知目标是什么物体,离物体的距离是多少,是否已抓取住物体等。外部传感器主要包括视觉传感器、触觉传感器、力觉传感器、距离传感器等。

4.2.1　视觉传感器

视觉传感器是利用光学元件和成像装置获取外部环境图像信息的器件,可以将外界物体的光信号转换成电信号,进而将接收到的电信号经模/数转换(A/D转换)成为数字图像输出。视觉传感器被广泛应用于产品检验和分拣。例如,在汽车制造厂,机器人可同时携带视觉传感器和胶枪,一边为车门边框涂胶,一边进行胶线合格性检验;再如,在包装生产线上,利用视觉传感器保障粘贴标签位置正确等。在实际生产中,最常见的视觉传感器为电荷耦合器件(CCD)图像传感器,它是工业相机的核心部件。

CCD图像传感器如图4-10(a)所示,是一种半导体器件,可以将它看作一种集成电路,感光元件整齐地排列在半导体材料上面,能感应光线。CCD的作用就像传统的胶片一样,用来承载图像,但它能够把光学影像转换成数字信号。

(a) CCD图像传感器　　　　　(b) 工业相机

图4-10　CCD图像传感器与工业相机

机器视觉系统是指机器代替人眼的功能,实现对外界物体的测量和判断的系统。工业相机是机器视觉系统的重要组成部分和主要信息来源,其功能主要是获取机器视觉系统需处理的原始图像。如图4-11所示,机器视觉系统的工作流程为图像输入、图像处理、图像输出三部分,其中视觉传感器实现对外界物体的图像采集,以完成图像输入。系统对原始图像进行分析判断后,将分析结果输出到控制系统中上位机或某些执行机构(机器人),以完成后续作业。常见的与视觉系统结合使用的设备有PLC、计算机、工业机器人等。

在工业机器人与机器视觉集成的伺服系统(即机器人视觉系统,也称手眼系统)中,机器人通过工业相机获取环境中的图像,并经视觉处理器进行处理和分析后,转换为能让机器人识别的信息,确定物体的位置或状态。根据视觉传感器安装位置的不同,可分为Eye-in-Hand(EIH)系统和Eye-to-Hand(ETH)系统。EIH系统中的视觉传感器安装在机器人手部末端,会跟随机器人运动,完成机器人运动过程中的图像采集;而ETH系统中的视觉传感器安装在某一固定位置,对固定范围内的物体进行图像采集。

视觉传感器在工业机器人视觉系统中,充当机器人的眼,与机器人密切合作,实现对物体位置的准确掌握和对物体的精确操作。工业机器人视觉系统可被应用在自动定位锁紧螺钉、自动定位贴装 PCB 元器件、汽车行业中自动定位装配等需自动定位作业等场合。

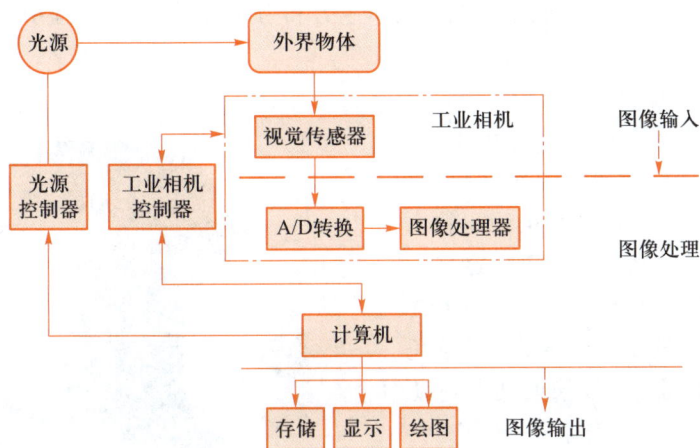

图 4-11　机器视觉系统与计算机联合工作原理

视觉传感器的精度通常用图像分辨率来描述,其精度与分辨率有关,还与被测物体的检测距离有关(距离越远,精度越差)。

4.2.2　力觉传感器

微课
力觉传感器在工业机器人上的应用

本书中的力觉是指机器人在运动中对所受力的感知,主要包括腕力觉、关节力觉和机座力觉等。力觉传感器是测量作用在机器人上的外力和外力矩或驱动装置输出力和力矩的传感器,根据被测负载维数的不同,可以把力觉传感器分为测力传感器(单维传感器,测量作用力的分量)、力矩传感器(单维传感器,测量作用力矩分量)和多维力觉传感器(常见六维),如图 4-12 所示。

力觉传感器作为外部传感器使用时主要有以下功能。

1. 称量物体

利用力觉传感器可识别多个外观相似但质量不同的物体(图 4-13 所示为根据质量识别红蓝工件),或感知末端执行器上持有的物体是否已经掉落。

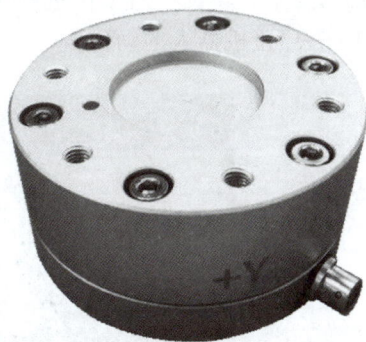

图 4-12　六维力觉传感器

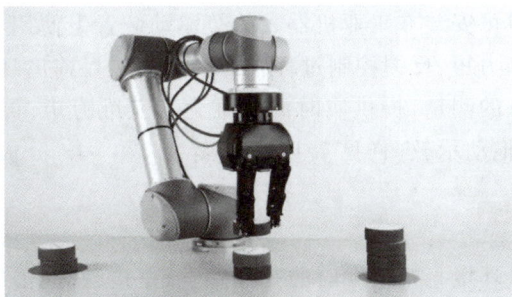

图 4-13　称量物体

2. 提供恒力

在某些工艺中,需要保持机器人输出恒定的力或力矩,在力觉传感器反馈信息的辅助下,机器人能合理地控制作业力和力矩,例如装配过程中的拧紧力、搬运时的抓紧力、研磨时的砂轮进给力等。

3. 防止碰撞

工业机器人在工作过程中,由于工作空间布置结构的多样化,机械臂难免会与周围环境的障碍物发生碰撞。当碰撞力过大时,容易伤害到机械臂和操作人员。机器人在发生或即将发生碰撞时,为了避免导致意外伤害,可以采取切断电源的措施,停止其动作。一类力觉传感器可通过感知力或力矩的异常变化,识别是否发生碰撞。这类传感

图 4-14   防碰撞传感器

器通常被称为防碰撞传感器(见图 4-14),在机器人发生碰撞时检测碰撞强度,达到传感器工作极限,触发电信号,切断电源使得机器人停止工作。将机器人移动开碰撞位置后,防碰撞传感器会自动复位。

图 4-15 所示为工业机器人末端防碰撞传感器,一般安装在机器人手部末端和末端执行器之间,主要用来保护机器人的末端执行器和避免对机械臂过大的作用力矩。在机器人工作过程中,当末端执行器与障碍物发生碰撞时,传感器工作,停止机器人的动作。

图 4-15   工业机器人末端防碰撞传感器

力觉传感器也可安装在工业机器人关节驱动装置上使用,传感器可测量驱动装置的输出力和力矩,反馈控制过程中力的大小。目前出现的六维力觉传感器可实现全力信息的测量,提供实时的三维力和三维力矩,可用于机器人多手协作、柔性装配和拖动示教(详见 7.1.1 节)等。

4.2.3   触觉传感器

触觉是与外界环境直接接触时的一种感觉,是接触、冲击、压迫等机械刺激感觉的综合。触觉传感器是机器人中用于模仿人的触觉功能的传感器。一般

把通过检测感知接触觉、压觉、力觉、滑觉、接近觉等机器人触觉（见图4-16）的传感器称为机器人触觉传感器。触觉传感器通过利用触觉可进一步感知物体的形状、硬度等物理性质，还可以用来辅助完成机器人的抓取动作。

随着工业机器人技术的智能化发展，工业机器人被应用于各类自动装配线上。这些被应用于装配生产线上的工业机器人有时需要具备感知抓取物体性状的能力（例如食品生产线），进而推动了机器人触觉传感器技术的发展。触觉传感器从简单的接近开关发展到多传感元件阵列的仿人皮肤型的传感器，使得机器人在响应速度和工作精度等方面大幅度提升。

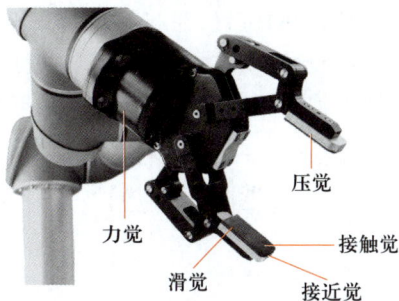

图4-16　机器人触觉示意图

1. 接触觉传感器

接触觉传感器（Touch Sensor）用于检测机器人是否接触到外界环境或测量被接触物的特征。一般装于机器人的运动部件或末端执行器上，可以用来判断机器人部件是否和对象物体接触，可实现对物体的抓取或防止碰撞，确保运动准确性。接触觉传感器如需具有较好的感知能力，就必须具有柔性，易于变形，便于和物体接触的特点。常见的接触觉传感器有微动开关、导电橡胶式、含碳海绵式、碳素纤维式等形式。

接触觉传感器可用于机器人对物体位置的探测和自身安全保护。例如，图4-17所示的机器人共有4个自由度，手部装有压电橡胶接触觉传感器。机器人在其扇形截面柱状操作空间（见图4-18）进行搜索，假如在位置①遇到障碍物，则手爪上的接触觉传感器就会发出停止前进的指令，使手臂向后缩回一段距离到达位置②；如果已避开障碍物，则继续前进至位置③，伸长到位置④，再运动到位置⑤处与障碍物再次相碰。根据①和⑤的位置计算机判断出被搜索物体的位置。最后按⑥和⑦的顺序接近就能对搜索的目标物进行抓取。

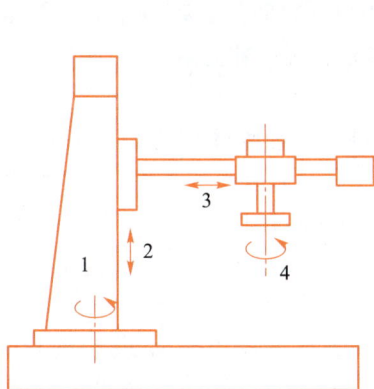

微课
常见的触觉传感器

图4-17　压电橡胶接触觉机器人

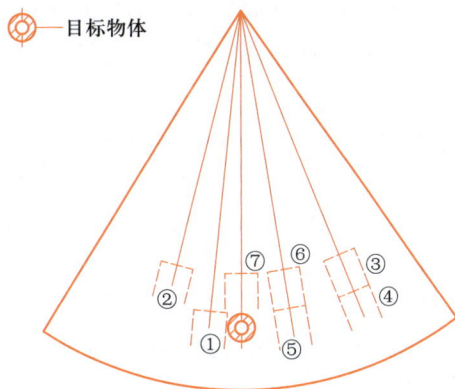

图4-18　扇形截面柱状操作空间

2. 接近觉传感器

接近觉是指机器人在距离对象物体或障碍物几毫米，甚至十几厘米时，能检测出对象物体的距离、倾斜角和表面特征等。接近觉传感器一般为非接触式,按传感方式可分为电磁式(感应电流式)、光电式(反射或透射式)、静电容式、气压式、超声波式和红外线式,如图4-19所示。机器人在运动过程中需感知周围物体的位置,并与其保持安全的距离,保证工作过程的安全。接近觉传感器用于检测物体接近程度,一般用在移动机器人及大型机器人的机械夹手上,用来辅助机器人完成对物体的躲避和抓取。

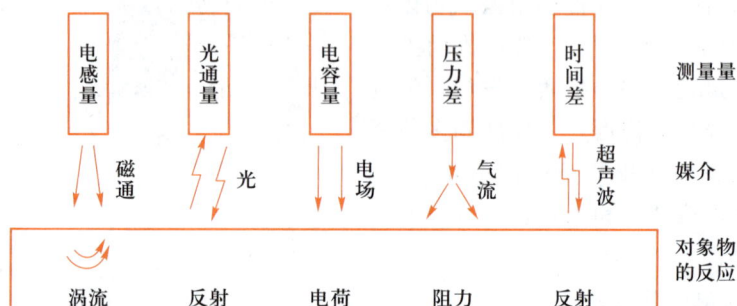

图4-19　接近觉传感器

电磁式(感应电流式)接近觉传感器利用线圈通电产生磁场,当接近金属物时,会产生感应电流(涡流),涡流大小会随线圈和金属物距离的大小而变化,变化反作用下,又会影响线圈内的磁场强度。这种传感器便是根据电流变化和线圈电感变化实现感知的,可以在高温环境中使用。实际应用中,其工作对象是金属部件,例如焊接机器人中焊缝的探测。

光电式(反射或透射式)接近觉传感器利用光的反射和透射来实现感知。但光的反射和透射会受到对象物体的颜色和表面特征(粗糙度、倾角)的影响,精度差,应用范围小。

静电容式接近觉传感器的电容会根据传感器表面与对象物体表面距离的变化而变化,利用此原理实现感知检测距离。

气压式接近觉传感器的原理是由末端执行器喷嘴喷出气流,传感器感知气体压力发生变化(如果喷嘴靠近物体,则气压较大)而实现感知检测。图4-20所示的曲线,表示在同气压 P_1 下,压力 P 与距离 d 之间的关系。非金属物体的检测,甚至微小间隙的测量都可以用气压式接近觉传感器完成。

3. 压觉传感器

压觉传感器(Pressure Sensor)是用于感知被接触物体压力值大小的传感器。压觉传感器又称为压力觉传感器,通常用于手部握力的检测,可被视为触觉传感器的延伸。检测方法可以分为直接检测和间接检测。直接检测是直接感知与接触物间的压力变化;间接检测是利用形变检测器将压力造成的变形量转换为压力值。用于直接检测的压觉传感器,会在触点上附加一层导电橡胶,在基板上装集成电路,将压力的变化信号经集成电路处理后输出,如图4-21所示。

4. 滑觉传感器

机器人在工作过程中,当其夹持力小于使物体不产生滑动所需最小临界值时,夹持物会产生滑动进而脱落。如果能在夹持物发生滑动的同时便检测出滑

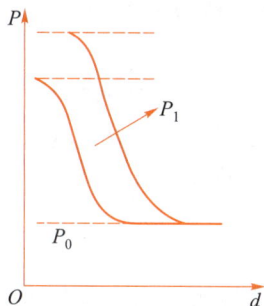

图 4-20 压力与距离关系图

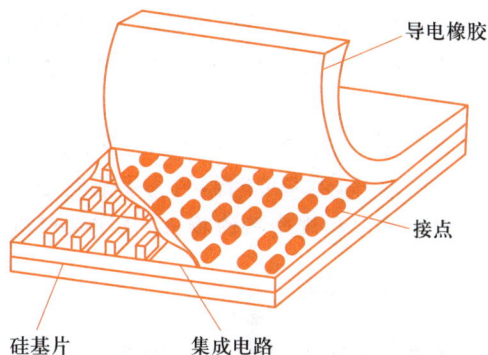

图 4-21 压觉传感器

动且增加夹持力,就能使物体停止滑动且能用最小的临界力夹持住物体,在保障工作平稳的同时,还能减少对夹持物表面的损坏。滑觉传感器就是实现这一功能的传感器,可以用于检测机器人末端执行器与夹持物间的滑动量。图 4-22 所示是一种测振式滑觉传感器,其尖端的检测头接触夹持物,由杠杆将振动传向磁铁,磁铁随之振动,在线圈中感应交变电流并输出。此传感器中的油阻尼和阻尼橡胶有利于将滑动信号从噪声中分离出来。

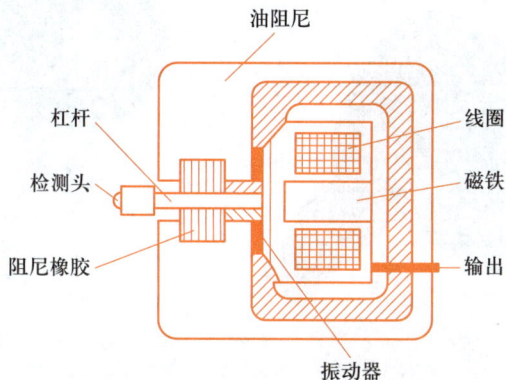

图 4-22 测振式滑觉传感器

机器人对物体的夹持方式根据施力的大小可分为零力夹持、柔力夹持和刚力夹持三种。零力夹持只要求能感觉到物体的存在,主要用于探测物体、识别物体的尺寸和形状等。柔力夹持要求根据物体和工作任务的不同,使用适当的夹持力控制物体,即夹持力是可变或自适应的。刚力夹持的机器人,在工作过程中不会发生夹持力改变,使用固定的力(通常为最大值)夹持物体。对应不同的夹持方式,选用不同灵敏系数的滑觉传感器。例如,柔力夹持的机器人对滑觉传感器工作灵敏度要求比刚力夹持高。对应不同的工作对象,也可选择不同的滑觉传感器类型。例如,滚轮式传感器只能检测一个方向上的滑动,对于存在多向滑动的工作场合,可以选择球形滑觉传感器。

4.2.4 距离传感器

距离传感器是通过发射光脉冲并测量其被物体反射回来的时间间隔,计算出到物体的距离,达到检测目的。距离传感器根据不同的工作原理,可分为光学距离传感器、红外距离传感器、超声波距离传感器、激光测距传感器等多种。

日常生活中常见的距离传感器的应用是汽车车身上的倒车雷达,其使用的大多是超声波距离传感器(见图4-23)。不同类型的距离传感器发射的信号不同,但测距原理基本相同。

距离传感器的功能与接近觉传感器近似,接近觉传感器的探测距离是几毫米到几十厘米,而距离传感器的测距范围是几十厘米到数米。距离传感器的作用更侧重于发现和规避障碍物,以及实现对机器人运动路径的引导。

4.2.5　防爆传感器

工业机器人应用范围广泛,在某些领域应用时需要接触易燃易爆的物体(如气体、粉末等),当这些物体达到一定浓度时,接触电火花、助燃剂,或者温度升高,可能发生爆炸。在工业生产中,这类环境下工作的机器人通常会配置防爆传感器,保障生产安全和机器人的正常工作。防爆传感器(见图4-24)在机器人工作过程中,实时监测空气中易燃易爆物的浓度,当检测到浓度超标时,传感器将给出电信号,断开电源,从而达到防爆目的。

图 4-23　超声波距离传感器　　　　　图 4-24　防爆传感器

例如汽车喷涂车间的工作环境是密闭的,且涂料多为易燃易爆物,故在喷涂机器人上通常会安装防爆传感器,通过该传感器实时监测空气中的涂料浓度。喷涂机器人工作过程中,当检测到涂料浓度超过设定值时,传感器将发出警报并切断电源,以防止发生爆炸。

4.2.6　其他外部传感器

除了上面介绍的几类机器人外部传感器以外,在生产应用中,还可以根据工业机器人的特殊作业要求安装听觉、嗅觉等传感器。机器人配置听觉传感器,可以使其具有声音识别能力,用声音代替键盘和示教器,控制机器人完成相关操作。为机器人配置嗅觉传感器,使其可以代替人工检测恶劣环境中的放射线和有毒气体。但是目前这些传感器由于应用技术还不够成熟,并没有得到广泛使用。

PPT
多传感系统
的定义

4.3　多传感器系统

随着智能化生产的发展,单传感器检测系统已无法满足生产需求。因此,多传感器系统的研究得到重视。多传感器系统的引入,可以使机器人拥有一定的"智能"。

4.3.1 多传感器系统的定义及分类

多传感器系统是将多种传感器收集、提供的多个对象的相关信息,集合到一起进而分析的系统。多传感器系统的核心问题是信息的综合,最初根据多传感器系统中信息综合级分类,可分为集中式和分布式系统。但随着多传感器系统的发展,这种分类方法逐渐出现概念不清晰的趋势,影响了多传感器系统的设计和分析。故出现了根据多传感器系统的信息的流通形式和处理层次进行分类的方式,将多传感器系统分为集中式、分布式、分级式、混合式和多级式。

集中式多传感器系统是一种在单传感器系统的基础上直接发展起来的系统形式,在该系统中的各传感器将探测到的信息直接送到数据处理中心,由中心计算机综合处理。集中式多传感器系统的数据处理精度高,算法灵活,但是其对中心计算机的要求高,可靠性低。

分布式多传感器系统不存在单独的中心处理站,先对各个传感器的数据进行局部的处理,然后再将结果送入系统中心进行综合和优化处理。分布式多传感器系统的可靠性好,但是跟踪精度比集中式低。分布式多传感器系统根据数据处理方式的不同,还可以进一步分为完全分布式和集中分布式。前者是带反馈的分布式数据处理,后者是不带反馈的分布式数据处理。

分级式多传感器系统的局部处理节点可实现一组传感器的局部监测和跟踪,然后将局部处理后的信息传送到系统中心,中心将各个局部处理节点的数据进行综合后,形成全局分析处理。系统中心到局部节点存在反馈,反馈的信息给到局部节点,作为局部处理的初始条件。分级式多传感器系统按局部节点传感器的个数,还可以细分为完全分级式(一个节点仅一个传感器)和集中分级式(一个节点有多个传感器)。

混合式多传感器系统中,信息的处理结构既包括了分布式结构处理,又含有分级式结构处理。具体的体现形式有两种,一种是先分布后分级,另一种是先分级后分布。先分布后分级的混合式多传感器系统中,局部处理节点是分布式的,通常在邻近的节点间存在信息的传送或接收,并且最终所有的局部节点信息都将合成到一个共同的节点进行处理。先分级后分布的混合式多传感器系统中,每个局部节点都是某一组传感器的中心处理节点,它们以分布式连接,且按一定规则传送信息。混合式多传感器系统集合了分布式和分级式系统的优点,将两者结合,互相弥补,提高了系统的性能,但同时也提高了造价,系统的数据量变大,总的可靠性也因此降低。

多级式多传感器系统中的信息经过两级以上处理,此类系统中的信息处理节点既可以是分布式、分级式、混合式的局部节点,又可以是分级式、混合式的合成节点。例如,I_k 是多级传感器系统的第 I 级的第 k 个节点,此节点可以是一个分布式、分级式、混合式的局部节点,也可以是一个分级式、混合式的合成节点,受其父级和子级的制约。系统中第 $I+1$ 级为其子级,$I-1$ 级为其父级。

4.3.2 工业机器人中的多传感器系统

工业机器人在工业生产中,对位移、速度、加速度、角速度、力等都有一定的要求,多传感器系统可以将各传感器探测到的物理量信息融合,对机器人的工作环境建模、决策控制及反馈,达到对机器人动作精准控制,实现自动化生产。

工业机器人多传感器系统中的信息融合,就是将安装在机器人不同位置的传感器收集到的数据融合,实现系统对被控对象的有效控制,即在工业机器人中使用多种不同的传感器,获得环境中的多种特征,通过各传感器对局部和全局的监测和跟踪,实现机器人对工作环境的确切认知。如图 4-25 所示,在工业机器人系统中同时装有视觉传感器、触觉传感器、激光测距传感器和力觉传感器,然后结合能对各传感器探测、收集到的信息进行综合处理、决策及反馈的计算机等,组成一个具备多传感器系统的工业机器人系统,进行机械产品的装配。在工作过程中,各传感器不断收集、反馈信息,由传感器系统控制中心分析和处理,从而控制机器人精准实现产品的装配。

这种将多传感器系统与工业机器人系统搭配的组合,在工业生产中已经得到推广使用,如电子产品装配、机械产品装配、加工制造业和产品检验等。

微课
多传感器系统的应用

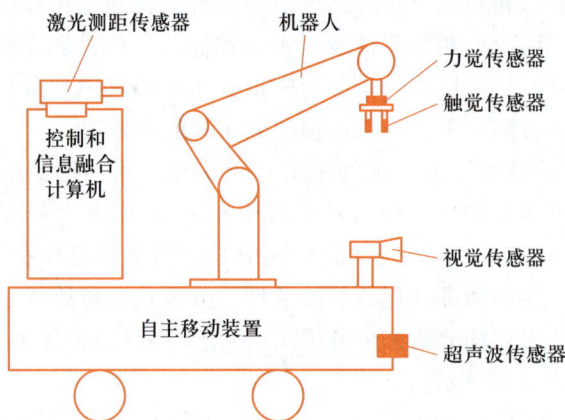

图 4-25　多传感器系统与工业机器人系统

思考与练习题

1. 填空题

（1）国家标准 GB/T 7665—2005 对传感器的定义是:能感受规定的被测量件并按照一定的规律转换成可用_____的器件或装置,通常由_____和_____组成。

（2）_____安装在机器人本体或控制系统内,用于感知机器人内部状态,以调整并控制机器人的行动。

（3）编码器是将信号或数据进行_____,并转换为可用于通信、传输和存储的_____形式的设备,在工业机器人中常被用作测量_____、_____及_____的内部传感器。

（4）编码器按照编码_____与_____是否接触，可以分为接触式编码器和非接触式编码器；按照工作原理的不同，又可以分为_____编码器和_____编码器。

（5）视觉传感器是利用_____和_____获取外部环境图像信息的器件，可以将外界物体的光信号转换成_____，进而将接收到的电信号经模数转换成为_____输出。

2. 选择题

（1）（　）用于检测机器人是否接触到外界环境或测量被接触物体的特征。

　A. 压觉传感器　　　　　　B. 接近觉传感器

　C. 滑觉传感器　　　　　　D. 接触觉传感器

（2）（　）是用于感知被接触物体压力值大小的传感器。

　A. 压觉传感器　　　　　　B. 接近觉传感器

　C. 滑觉传感器　　　　　　D. 接触觉传感器

（3）（　）接近觉传感器利用光的反射和透射来实现感知。

　A. 电磁式　　　B. 光电式　　　C. 静电容式　　　D. 气压式

（4）在（　）中的各传感器将探测到的信息直接送到数据处理中心，由中心计算机进行综合处理。

　A. 分布式多传感器系统　　　　B. 分级式多传感器系统

　C. 集中式多传感器　　　　　　D. 混合式多传感器系统

（5）光电编码器是一种将输出轴上的（　）通过光电转换变成脉冲或数字量的传感器。

　A. 位移量　　　B. 脉冲量　　　C. 温度变化　　　D. 以上均不是

3. 简答与分析题

（1）简述集中式多传感器系统与分布式多传感器系统的区别。

（2）简述工业机器人多传感器系统的作用。

思考与练习题
答案

第5章　末端执行器

思维导图

末端执行器的分类
- 何为末端执行器
- 工业机器人末端执行器的种类

拾取工具
- 机械夹持式末端拾取工具
- 气吸式末端拾取工具
- 磁吸式末端拾取工具

末端执行器

快换装置

专用工具应用实例
- 激光跟踪
- 喷涂
- 钻孔与切割
- 搅拌摩擦焊
- 力控制装配
- 柔性抓取

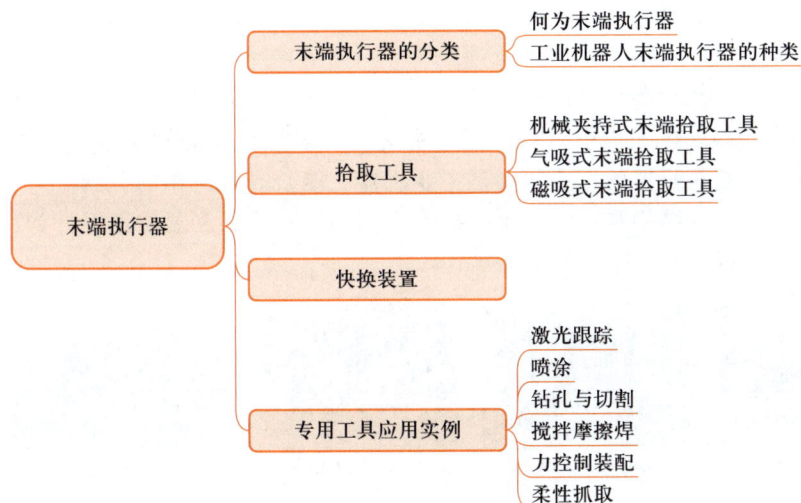

　　末端执行器通常被认为是机器人的外围设备,它和机器人的关系相当于人手和手臂的关系。末端执行器通常包含夹爪、工具快换装置、碰撞传感器、喷涂喷枪、毛刺清理工具、弧焊焊枪等。通过配备不同类型的末端执行器,机器人可以完成不同类型的工作任务。

　　本章首先讲解工业机器人末端执行器的分类,然后依次讲解应用最为广泛的拾取工具、实现末端工具自动更换的快换装置以及应用于各工艺场合的专用工具。

5.1　末端执行器的分类

5.1.1　何为末端执行器

工业机器人是一种通用性强的自动化设备,末端执行器是其实现自动化生产的执行工具。工业机器人的末端执行器相当于人的手,可以实现机器人对工具(工件)的拾取、装配、持握和释放等操作。

机器人的末端执行器是指任何安装在机器人末端关节上,且具有一定功能的工具。工业机器人在工作中,通过手腕、手臂与末端执行器的协调来完成作业任务。所以末端执行器的作业精度是工业机器人能否高效应用的关键之一。大多数末端执行器的结构和尺寸都是根据其不同的工作场景和要求而设计的,因而形式多种多样,如图 5-1 所示。

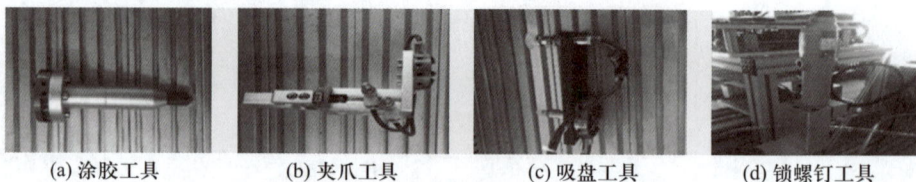

| (a) 涂胶工具 | (b) 夹爪工具 | (c) 吸盘工具 | (d) 锁螺钉工具 |

图 5-1　各种末端执行器

5.1.2　工业机器人末端执行器的种类

工业机器人末端执行器根据用途和结构的不同,大致可分为拾取工具和专用工具两大类。

拾取工具是指能够拾取一个对象(工具或工件),并对拾取对象进行运输和放置等操作的机构,常见的有机械夹持式末端执行器和吸附式末端执行器。

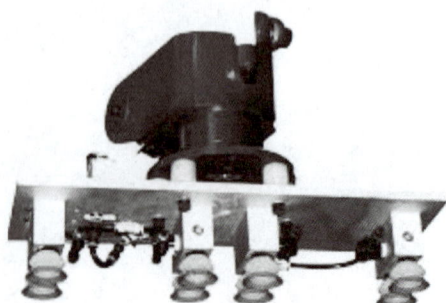

机械夹持式末端执行器(见图 5-2)通过夹紧力夹持和运输物体,多为单点支承或双点支承的指爪式。

吸附式末端执行器又称吸盘,有气吸式和磁吸式两种。如图 5-3 所示,气吸式末端执行器利用吸盘内负压产生的吸力吸取对象,再由机器人搬运移动。磁吸式末端执行器分为电磁吸盘和永磁吸盘两大类,是利用磁场作用进行工件拾取的工具。相较于气吸式末端拾取工具而言,磁吸式末端拾取工具在应用中更受局限,因为其作用对象必须具备铁磁性。

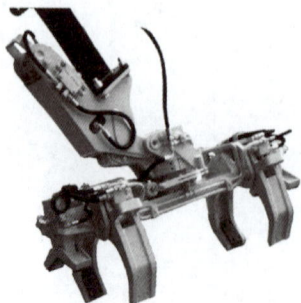

PPT
工业机器人
末端执行器
的种类

图 5-2　机械夹持式末端执行器　　图 5-3　吸附式末端执行器

专用工具(见图5-4)大多数有特定应用,如机器人弧焊焊枪、机器人喷涂喷枪和机器人打磨布轮等。

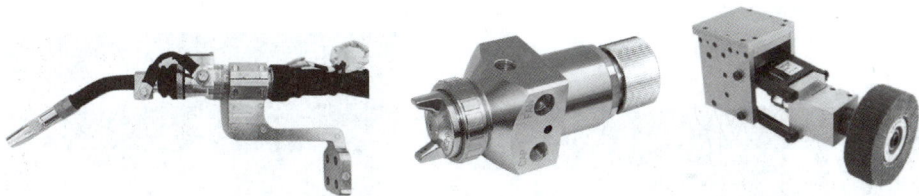

图 5-4   专用工具

5.2   拾取工具

5.2.1   机械夹持式末端拾取工具

目前在工业生产应用中机械夹持式末端拾取工具使用较多,根据其结构、性能和应用方式分为四大类:简单的夹持机构、多夹持机构、柔性夹持机构和仿人手型夹持机构。

简单的夹持机构,如夹爪,只适合夹取规则的物体,多为气动驱动(见图5-5),应用范围有限,但结构简单,造价低廉。

多夹持机构如图5-6所示,主要用于抓取对象种类较多、抓取对象外形变化较大的场合。这样在操作过程中机器人可一次性夹持多种或多个对象,节省了更换工具时间。但是多夹持机构的结构复杂,会增加机器人腕部的负载。

柔性夹持机构可拾取形状变化大且要求夹持力小的物体,但在操作过程中无法精确控制物体的空间位姿,在实际应用中有一定的局限性。图5-7所示为并联机器人末端使用的一种柔性夹持机构。

仿人手型夹持机构与人手相似,具有多个可独立驱动的关节,如图5-8所示。在操作过程中,它可以通过各独立关节的移动和旋转,调整被抓取物体的位姿,提高作业的准确性,应用前景广阔。

拓展阅读

大国工匠

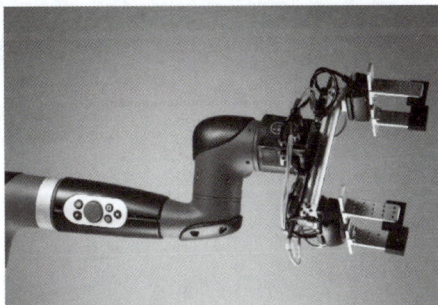

图 5-5   气动夹爪   图 5-6   多夹持机构

5.2.2   气吸式末端拾取工具

气吸式末端拾取工具的吸盘(多为橡胶或塑料)可以根据不同工作生产需

求,做成单吸盘、多吸盘和不规则形状的吸盘等。按形成负压方法的不同,吸盘有挤压排气式、气流负压式和真空泵排气式,常见结构及工作原理见表 5-1。

图 5-7   并联机器人柔性夹持机构

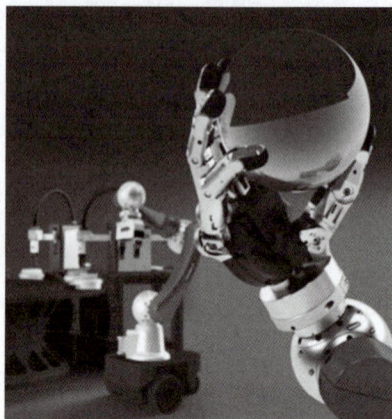

图 5-8   仿人手型夹持机构

表 5-1   常见的吸盘

名称	常见结构	工作原理
挤压排气式吸盘		利用挤压力将吸盘内的空气排出,从而形成负压,吸住工件完成拾取。挤压排气式吸盘结构简单,成本低,多用于轻薄物体的吸取
气流负压式吸盘		利用气泵压缩空气形成高速射流,将吸盘腔内的空气带走,形成负压,使得物体被吸盘吸住,实现工件的拾取。它的结构简单,成本低,但工作噪声大

续表

名称	常见结构	工作原理
真空泵排气式吸盘		利用真空泵抽出吸盘与工件间的空气,形成负压,达到吸住工件的效果,在停止抽空气后,通进大气即可实现工件的松开。真空泵排气式吸盘的吸力取决于吸附面积和吸盘腔内的真空度,工作可靠,吸力大,可用于拾取规格较大的工件

气吸式末端拾取工具适用于拾取表面光滑平整的工件,在工作过程中能有效地保护工件表面。吸盘是耗材,需要定期更换。气吸式末端拾取工具常被用于板材、玻璃、薄壁零件等的搬运,如图 5-9 所示。

图 5-9　气吸式末端拾取工具搬运工件

5.2.3　磁吸式末端拾取工具

电磁吸盘通过线圈中感应电流产生的磁力吸住铁磁性工件。电磁吸盘的线圈通电时吸住被拾取对象,切断线圈电流则可释放被拾取对象。电磁吸盘在工作过程中,线圈通电会产生热,易导致工件热变形。

永磁吸盘与电磁吸盘最大的区别在于不需要通电,它是利用磁通的连续性原理以及磁场的叠加原理设计的。永磁吸盘内的永久磁钢由多个磁系(即磁极或磁极对)形成磁路(磁通形成的闭合路径)。在工作过程中,通过磁系的运动,叠加或削减工作磁极面上的磁场强度,进而达到工件的拾取和释放。当吸盘处于图 5-10(a)所示状态时,磁系形成的磁路不通过吸盘的工作极面,对工件没有产生吸力,达到释放工件的目的;当吸盘处于图 5-10(b)所示状态时,磁系发生变化,形成的磁路通过吸盘的工作极面,对工件产生吸力,完成工件的拾取。

动画
磁吸式末端拾取工具的工作原理

(a) 无吸力　　　　　　　　　　　(b) 有吸力

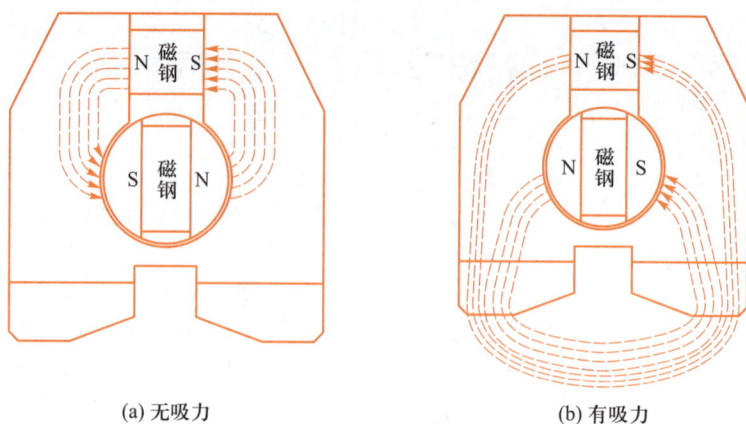

图 5-10　永磁吸盘的工作原理示意图

5.3　快换装置

通常,加工企业采购的工业机器人都不包含末端执行器,需要自行配备和更换,使机器人完成不同的生产工艺。在工业生产中,通常是由一台机器人完成好几道加工工序。但是不同的加工工序所使用的末端执行器可能会不同,因此在作业过程中需要机器人自动更换不同的末端执行器,以实现快速的工业自动化生产。这是如何实现的呢?

较简单的方法便是用成对的可拆卸法兰盘状金属连接零件,作为快速连接和断开末端执行器与机器人手腕末端的机械接口,来完成装载和释放末端执行器的任务,这种接口就是机器人末端执行器快换装置。为了实现快速和自动更换末端执行器,接口的连接和断开一般采用气动控制、液压控制或电磁控制。在目前生产中,大多数的快换装置使用气动控制方式。

如图 5-11 所示,快换装置分为主端口和被接端口两部分,其中①为主端口(主盘),安装在机器人手腕末端的法兰上;②为被接端口(工具盘),安装在末端的执行器上。根据控制介质的不同,在端口上设计有可以连通和传递电信号、气体或水等介质的不同阀口,为快换装置提供动力源,从而实现自动锁紧和释放功能。在使用时,只需给机器人腕部末端配置一个主端口,再将与主端口相适应的被接端口安装在末端执行器上,通过控制电/气路信号,便可在生产作业过程中轻松完成各工序所需工具的更换,达到一机多用的目的。

图 5-11　快换装置

快换装置可在数秒内实现单一功能的末端执行器间的快速更换,节省完成

微课
快换装置的
工业应用

指定任务的时间,提高生产效率。执行器快换系统使单个机器人能通过交换不同的执行器,提高生产柔性,被广泛应用于自动弧焊,材料的抓取和搬运、装配、去毛刺等制造和装配过程。如图 5-12 所示,在制造过程中,通过更换不同功能的末端执行器,完成工件的加工。

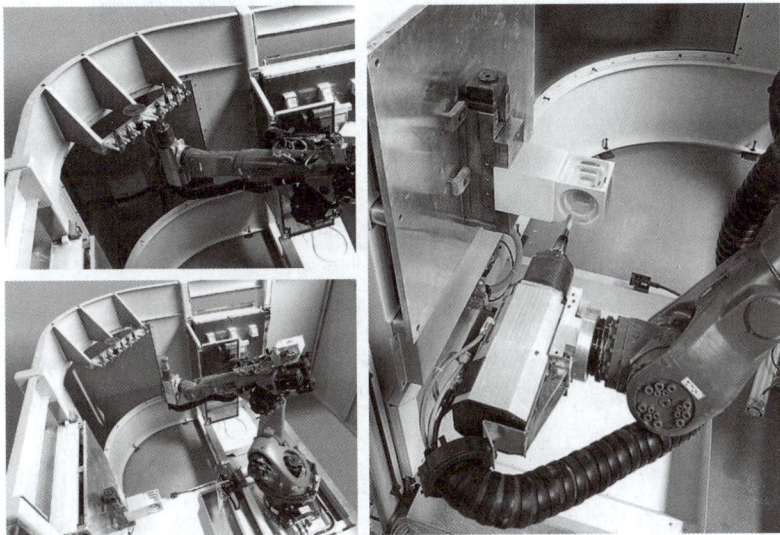

图 5-12 制造过程中的执行器快换系统

国外对末端执行器快换装置的研究起步早,如美国、瑞典、德国等在这方面的技术较为成熟,已经实现了规模化生产。其中美国的 ATI、Applied Robotics,德国的 Schunk、史陶比尔,瑞典的 RSP(Robot System Products)等,都是国外末端执行器快换装置的知名品牌。

各品牌末端执行器快换装置在工作原理上大同小异,最主要的区别在于装置的动力源。除此之外,在结构上会根据市场需求存在少许差异。相对国外而言,我国对机器人末端执行器快换装置的研究起步较晚,且研究的领域不够广泛,尚未形成大规模产业化。

5.4 专用工具应用实例

PPT
专用工具
应用实例

5.4.1 激光跟踪

激光(laser)是被激发出来的具有相同光学特性的光子队列,被人们称为"最快的刀""最准的尺""最亮的光"。激光追踪是利用激光的定向性和高亮度,实现对工作对象追踪的技术,具有极高的精度,常被用于航空航天、汽车制造、电子工业、机械制造中的精密测量工作。将激光追踪系统作为工业机器人的末端执行器应用于生产中最典型的案例,当属焊接机器人利用激光对焊缝进行跟踪,如图 5-13 所示。

在焊接机器人作业中,加工误差、夹具的装夹精度、焊件表面状态和热变形等因素会使焊缝发生偏移。为了达到理想的焊接质量,就需要焊接机器人能够在工作过程中实时监测焊缝的偏差,及时对焊接路径和参数做出调整,以保证焊接质量。在机器人焊接中,精确的焊缝跟踪是保证焊接质量的关键。

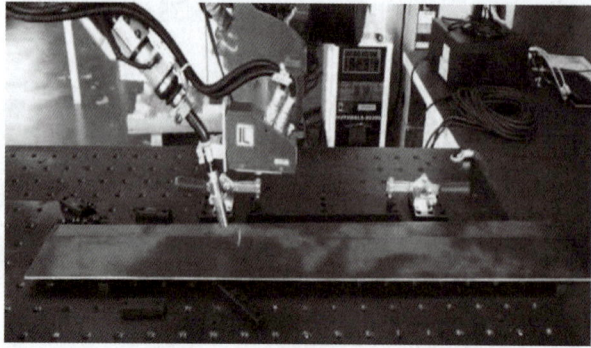

图 5-13　激光焊缝跟踪

焊接机器人激光焊缝跟踪系统(见图 5-14)中将激光作为光源,结合视觉传感器与焊枪,共同固定在焊接机器人的末端执行器上,使激光发生器和视觉传感器与焊枪同步移动,在焊接过程中同步跟踪焊缝。实时采集到的焊缝图像被传送给激光图像传感子系统进行图像处理,得到焊缝中心特征点的坐标值。然后通过传感器数学模型将坐标值与标定值比较,得到实际焊缝的偏差值,将其传送给焊接机器人的控制器,求解运动学逆解后,将控制参数分配给各轴电动机驱动器,调整机器人姿态,使焊枪达到理论焊接位置。

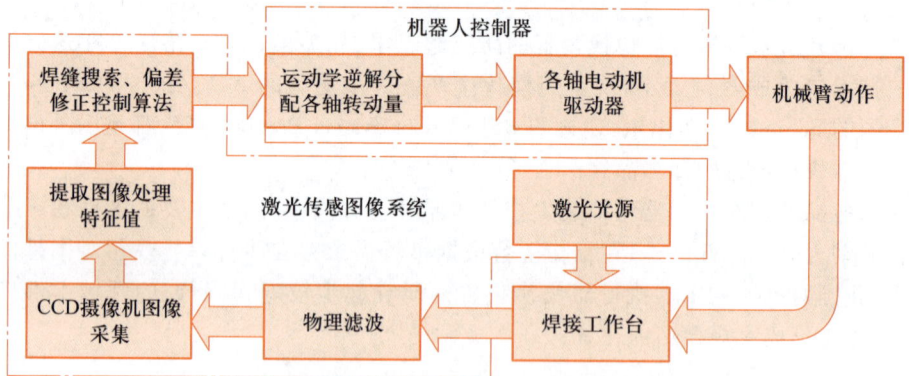

图 5-14　焊接机器人激光焊缝跟踪系统

图 5-15 所示为激光焊缝跟踪系统工作示意图。激光焊缝跟踪系统不仅能实时检测出加工误差、表面状态和装夹精度等引起的焊缝偏差,还能有效地消除热变形引起的偏差。

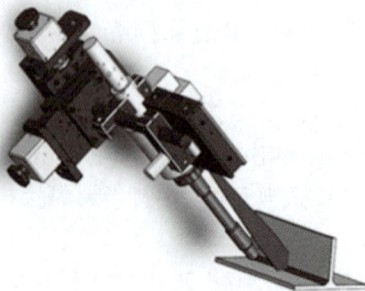

图 5-15　激光焊缝跟踪系统工作示意图

5.4.2 喷涂

喷涂工艺是指涂料通过喷枪类工具,将借助压力和离心力分散成的细小且均匀的雾滴,均匀地施涂在被涂物体表面的加工方法。喷涂加工在实际生产中随处可见,例如汽车车身表面车漆的涂装。喷涂机器人将机器人技术与喷涂工艺相结合,将喷枪作为末端执行器,如图 5-16 所示。目前,在工业生产中应用的喷涂机器人,按照喷涂工艺不同可分为空气喷涂机器人、无气喷涂机器人和静电喷涂机器人等。

空气喷涂机器人的喷枪一般由空气帽、喷嘴、涂料入口、枪体、涂料调节旋钮和空气入口等部分组成,如图 5-17 所示。空气喷涂的原理是将压缩空气从空气帽的中心孔喷出,在喷嘴前端形成负压区,使涂料经涂料入口从涂料

图 5-16　喷涂机器人

嘴喷出,然后涂料与高速压缩气流相互扩散,以雾状飞向并附着于被涂物表面形成涂膜。可通过涂料调节旋钮对涂料喷出量和喷幅进行控制。

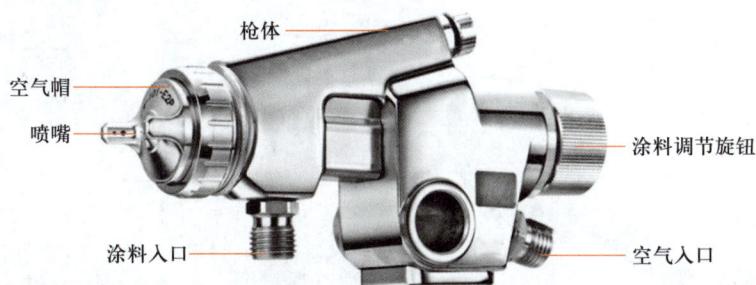

图 5-17　空气喷涂机器人的喷枪结构

无气喷涂技术通常使用高压柱塞泵、隔膜泵等对涂料直接加压,高压涂料经高压软管输送至无气喷枪(见图 5-18),由于喷嘴的特殊设计,当带有高压涂料从喷嘴高速喷出时,释放液压并与大气摩擦,产生剧烈膨胀,使涂料雾化并喷到工件表面上形成涂膜。由于压缩空气不直接与涂料接触,因此高压涂料中不含空气,无气喷涂因此得名。

静电喷涂就是使雾化了的涂料微粒在直流高压电场中带上负电荷,再在静电场的作用下,定向地飞向带正电荷的被喷涂表面,形成涂膜的方法。静电喷枪如图 5-19 所示。

5.4.3 钻孔与切割

钻孔是指用钻头在零件上加工出所需孔径大小的孔。钻孔加工可由镗、铣等机床完成,也可由人工利用钻床和钻孔工具(如钻头、铰刀等)完成。切割是指利用特定的工具,利用压力或热能等将物体分割开的加工方法,常见的有线切割、火焰切割、激光切割等。

图 5-18   无气喷枪

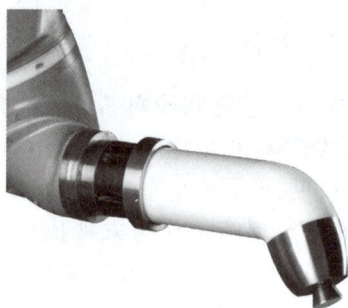

图 5-19   静电喷枪

随着智能化生产的需求,工业机器人逐渐被用于机械加工,能够取代人和机床完成钻孔、切割等作业任务,前提是需要给机器人配备不同的末端执行器。

机器人用于钻孔时用的末端执行器如图 5-20 所示。钻孔过程中,末端执行器与零件直接接触,容易产生磨损,故末端执行器要能实时改变切削速度和进给量,以保证钻头的正常工作。

将机器人用于切割加工时,需先根据加工材料确定切割方法,然后选用合适的末端执行器。激光切割(见图 5-21)可实现自主化切割,相较于数控切割,除了能保证切割质量外,还更为灵活,更适合柔性生产。

图 5-20   钻孔

图 5-21   激光切割

5.4.4   搅拌摩擦焊

搅拌摩擦焊是一种利用摩擦热与塑性变形热作为热源的焊接方法。搅拌摩擦焊的焊接头由搅拌头、搅拌肩和夹持部分组成。图 5-22 所示为搅拌头。在搅拌摩擦焊的焊接过程中,焊接头高速旋转,搅拌头(圆柱体或其他形状)伸入焊缝和焊接工件摩擦产热,在使连接部位熔化的同时,搅拌头和搅拌肩对材料进行搅拌以完成焊接。图 5-23 所示为搅拌摩擦焊工作原理示意图。搅拌摩擦焊不需要如焊条、焊丝、焊剂和保护气体等耗材,只对焊接头有损耗。

图 5-24 所示为机器人搅拌摩擦焊工作场景。机器人搅拌摩擦焊技术亟待解决的关键问题,就是其末端执行器——焊接头的设计和制造。若要保证机器人搅拌摩擦焊的焊接质量,那么它的末端执行器在设计和制造过程中,需要集成复杂的测控系统来对焊接过程中的焊接作用力、焊缝定位、润滑和冷却等参

微课

搅拌摩擦焊作业中的工业机器人

数进行监测和控制。同时搅拌头的体积不能过大,以免影响机器人运动的灵活性。

图 5-22　搅拌摩擦焊搅拌头

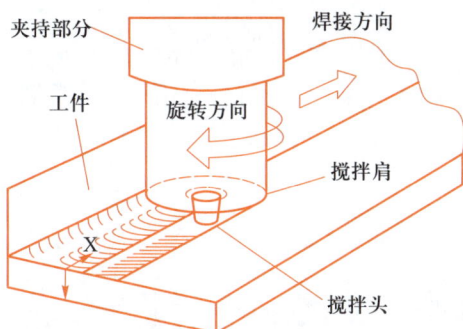

图 5-23　搅拌摩擦焊工作原理示意图

图 5-24　机器人搅拌摩擦焊工作场景

5.4.5　力控制装配

工业机器人在实际生产应用中,可用来实现零部件的精准装配。这类用于装配的机器人,其末端执行器需要能对力有精确的控制。例如在装配过程中,拧紧螺钉时,需要机器人控制拧紧力,而搬运工件时,需要控制握力等。

为了实现末端执行器上力的控制,在其上安装力传感器,实现主动柔顺控制。以机器人拧螺钉的场景为例(见图 5-25),说明利用力控制进行装配的过程。在机器人拧螺钉的过程中,末端执行器上的力传感器会探测到反作用在螺钉上的力,然后将信息传送给控制系统进行算法处理并传送给机器人控制器,完成机器人的运动控制。当传感器探测到的反作用力满足螺钉拧紧力要求时(即螺钉处于拧紧状态),中心计算机将传送信息给机器人控制器,此时偏移量满足机器人程序的逻辑判断,机器人不再进行该方向上的位移运动,完成螺钉的拧紧操作。

图 5-25　机器人拧螺钉

力控制装配将机器人的刚性柔顺化,应用于精密零部件的装配,在提高了装配效率的同时减小了装配误差,有利于实现精准装配而不会造成零件因压迫和撞击所带来的损坏。

5.4.6　柔性抓取

机械结构的工业机器人末端执行器(如机械夹具),虽然也能代替人手完成搬运、装配等工作,但是对于鸡蛋、纸张等易碎或轻巧的物体,无法做到使用恰当精确的力进行拾取或搬运。柔性机械手的研制解决了这一问题,在工作过程中可根据工件的外形和可承受力进行自我调整,完成抓取。

柔性机械手能使用适当的力和姿态抓握、夹取、捏拿的关键,在于手指的感知能力和控制技术。柔性机械手的技术尚未成熟,在工业生产中还未得到广泛使用。目前研制出来的柔性机械手可大致分为两种,一种是柔性五指机械手,另一种是软体夹持器。

柔性五指机械手(见图 5-26)的外形和大小同人手相似,每根手指上有至少 3 个柔性关节且每个关节有多个自由度,能实现类似人手指的弯曲和握紧动作;操作起来十分方便,只需要操作者带上具有位置传感器的"虚拟现实"手套,便能控制机械手做出与操作者同样的动作。

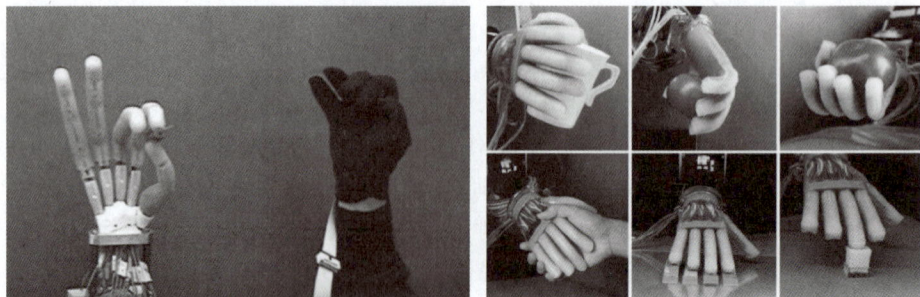

微课
工业机器人
的柔性抓取

图 5-26　柔性五指机械手

软体夹持器(图 5-27)的手指由特殊材料制成,具有极高的柔性,手指可正向或反向弯曲,可抓取不同形状的物体,手指的驱动方式多为气动。

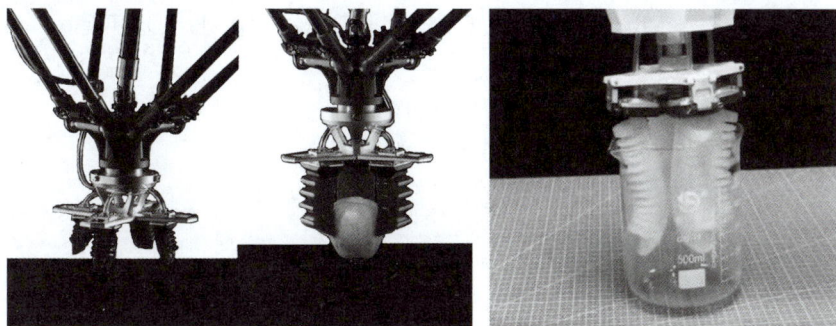

图 5-27　软体夹持器

思考与练习题

1. 填空题

（1）工业机器人的_____相当于人的手，可以实现机器人对工具、工件的拾取、装配、持握和释放等操作。

（2）工业机器人末端执行器根据用途和结构的不同，大致可分为_____和_____两大类。

（3）吸附式末端执行器又称吸盘，有_____和_____两种。

（4）目前在工业生产应用中机械夹持式拾取工具使用较多，根据结构、性能和应用方式分为四大类：_____、_____、_____和_____。

（5）_____是被激发出来的具有相同光学特性的光子队列，被人们称为"最快的刀""最准的尺""最亮的光"。

2. 选择题

（1）（　　），如夹爪，只适合夹取规则的物体，多为气动驱动，应用范围有限，但结构简单，造价低廉。

A. 柔性夹持机构　　　　　　　B. 多夹持机构

C. 仿人手型夹持机构　　　　　D. 简单的夹持机构

（2）（　　）利用真空泵抽出吸盘与工件间的空气，形成负压，达到吸住工件的效果，在停止抽空气后，通进大气即可实现工件的松开。

A. 挤压排气式吸盘　　　　　　B. 真空泵排气式吸盘

C. 气流负压式吸盘　　　　　　D. 以上均不是

（3）（　　）与人手相似，具有多个可独立驱动的关节。在操作过程中，通过各独立关节的移动和旋转，调整被抓取物体的位姿，可以提高作业的准确性。

A. 仿人手型夹持机构　　　　　B. 柔性夹持机构

C. 简单的夹持机构　　　　　　D. 以上均不是

（4）（　　）利用挤压力将吸盘内的空气排出，从而形成负压，吸住工件，完成拾取。

A. 挤压排气式吸盘　　　　　　B. 真空泵排气式吸盘

C. 气流负压式吸盘　　　　　　D. 以上均不是

（5）气吸式末端拾取工具适用于拾取表面（　　）的工件，在工作过程中能有效地保护工件表面。

思考与练习题
答案

A. 柔软　　　　B. 粗糙　　　C. 光滑平整　　　　D. 以上均不是

3. 简答与分析题

（1）简述永磁吸盘的工作原理及过程。

（2）简述气流负压式吸盘的工作原理及特点。

第6章 工业机器人控制系统

思维导图

- 工业机器人控制系统
  - 什么是工业机器人控制系统
    - 控制系统的结构
      - 扰动与反馈
      - 开环与闭环
    - 工业机器人控制系统的硬件结构
    - 控制系统的功能体系
    - 分层递阶控制结构
      - 分层递阶控制结构
      - 功能模块
      - 控制层级
      - 分层递阶控制结构典型参考模型
  - 工业机器人运动控制
    - 伺服驱动系统
      - 伺服驱动器与伺服电动机
      - 伺服驱动原理
    - 工业机器人单轴运动控制
      - 什么是PID
      - PID控制系统的参数整定
    - 工业机器人多轴运动控制
      - 多环控制回路
      - 运动控制器
    - 两种主流的控制算法
      - 力/位置混合控制
      - 阻抗控制
  - 工业机器人通信技术
    - I/O通信
      - 模拟信号与数字信号
      - 工业机器人I/O通信
    - I/O信号与标准I/O模块
    - 总线通信
      - 什么是总线
      - 工业机器人常用的总线通信协议
      - 总线通信接口
  - 人机交互与安全保护机制
    - 示教器
    - 安全保护机制
      - 安全保护模块
      - 紧急停止装置

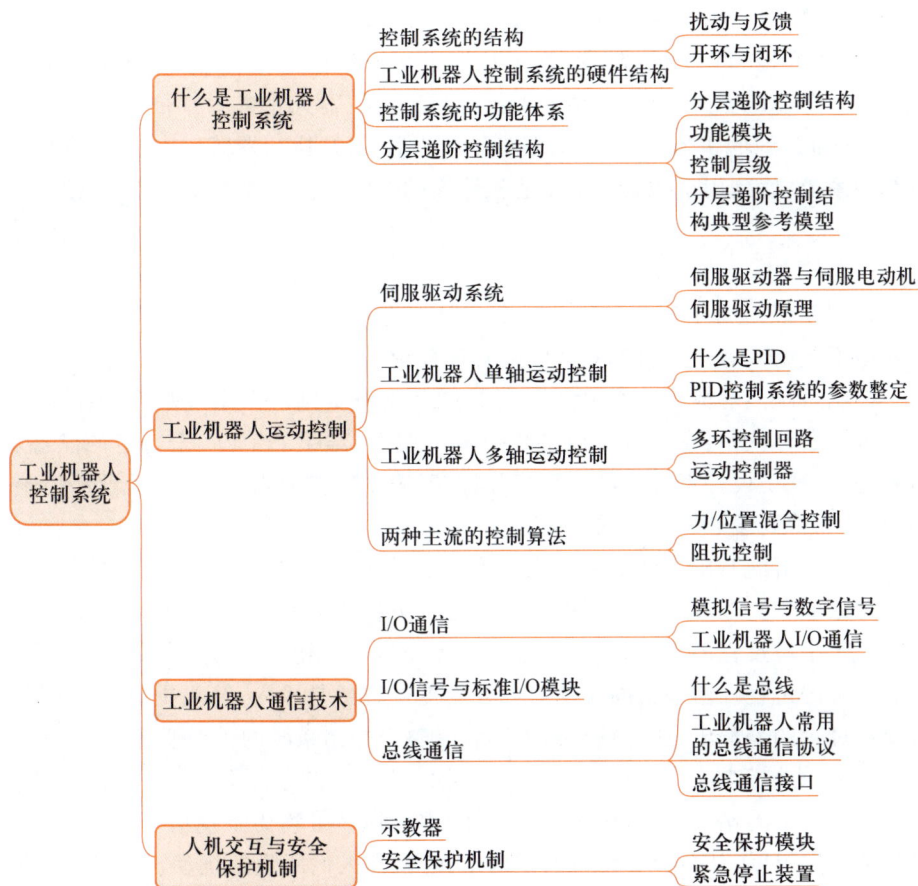

工业机器人系统的高精度作业依赖控制系统和工业机器人本体的协同配合。前文中已经讲解了机器人本体硬件系统的相关内容。控制系统是让整个工业机器人系统运作起来的控制中枢,其任务是根据机器人的作业指令以及从传感器反馈回来的信号,支配机器人的执行机构去完成规定的运动和功能。

本章首先认识工业机器人的控制系统,明确其结构、功能体系,然后依次讲解其运动控制、通信技术和人机交互与安全保护机制。通过本章的学习,可以掌握工业机器人系统的基本控制原理。

6.1   什么是工业机器人控制系统

系统泛指由一群有关联的个体元件组成、根据某种规则运作、能完成个体元件不能单独完成的工作的群体。

系统这个概念非常简单,但是由于这个术语的通用性很高,所以经常用这个词来描述一切含有相关组件的整体。在研究控制理论时,人们关注的问题就变成"我正在控制什么系统"或"我想让这个系统怎样工作"。本书中分析的系统是整个工业机器人系统,该系统中包括与工业机器人正常运作相关的所有组件,如前面提到的机器人本体、控制柜、传感器、末端执行器等。本节将要讨论的控制系统,就是用于控制整个工业机器人的系统——工业机器人控制系统。

6.1.1   控制系统的结构

控制系统是为了达到预期目标而设计制造的,由控制主体、控制客体和控制媒体组成的具有自身目标和功能的管理系统。

控制系统能够改变一个系统的行为或状态。鉴别一个系统是否为控制系统的重要条件就是:它是否能使系统的未来动作(结果)趋于一个特定的状态。也就是说,系统设计者必须经过系统分析,明确系统需要做什么,然后设计控制系统,从而得到设计者想要的结果。

系统分析的基础是认定系统各部分之间存在因果关系。因此,受控元件、受控对象或者受控过程可以用图 6-1 所示的方框来表示,其中的输入与输出关系就表示了该过程的因果关系,即这个过程表达了对输入信号进行处理而获取输出信号的过程。箭头指向受控对象或受控过程的是输入,箭头指出受控对象或受控过程的是输出,通常输出的内容就是整个控制系统的受控变量。

1. 扰动与反馈

除了正常的输入、输出信号之外,系统中其他信号均为干扰信号,当干扰信号强到一定程度,就会导致设备的误动作,这就是人们所说的扰动,如图 6-2 所示。不过,如果干扰信号不形成扰动,一般都不会去处理它,从这个角度来看,干扰和扰动是一样的意思。

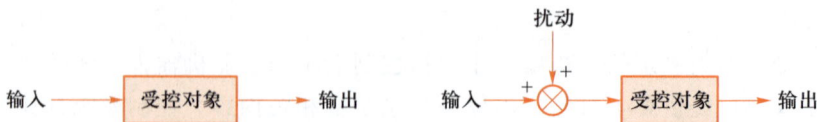

图 6-1   线性系统理论的控制系统模型   图 6-2   控制系统中的扰动

反馈又称回授,指将系统的输出返回到输入端并以某种方式调节输入,使得输入、输出之间存在一个具备因果关系的回路。在这种情况下,可以说系统"反馈到它自身"。对于反馈系统,基于因果关系的分析特别困难,因为输入影响到输出,输出又影响到输入,形成了循环,需要将反馈系统作为一个整体来看待。

反馈可分为负反馈和正反馈。负反馈使输出起到与输入相反的作用,系统从参考输入中扣除输出测量值后,再将偏差信号输入控制器,使系统输出与系统目标的误差减小,系统趋于稳定。正反馈则使系统输出的偏差不断增大,可以放大控制作用。

反馈的概念已经成为控制系统分析与设计的基础。对于负反馈的研究一直是控制论的核心问题,而在工业机器人控制系统中应用到的也是负反馈,所以下文中提到的反馈均指负反馈。

反馈系统包括正向通路和反馈通路,如图 6-3 所示。负反馈控制系统实施控制时,通常用一个函数来描述预期输出和实际输出之间的预定关系。对输出的测量值称为反馈信号。通常先将反馈信号与系统输入(预期输出)之间的偏差放大(这样可以使得系统对误差更加敏感),将这个差值再作用于控制系统,最终使得偏差不断减小。通常来说,控制系统中控制器的主要作用就是调控这个偏差。

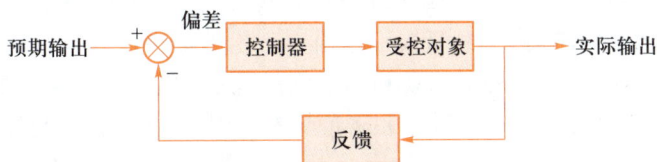

图 6-3　反馈的基本框图

常见的反馈控制系统的例子有:驾驶汽车的人观察汽车行驶路面情况并实时进行驾驶动作的调整;人在调节水龙头时,首先在头脑中对水流有一个期望的流量,水龙头打开后由眼睛观察现有的流量大小,与期望值进行比较,并不断地用手进行调节,形成反馈控制。

2. 开环与闭环

(1) 开环控制系统

开环控制系统又称"开环系统"。如图 6-4 所示。一个开环控制系统只是单方向利用控制系统的执行机构来获得预期的结果。

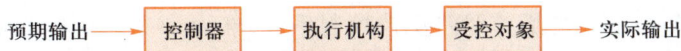

图 6-4　开环控制系统

开环系统没有反馈,利用执行机构直接控制受控对象。虽然很多控制系统会让人感觉执行机构和受控对象是相同的概念,但事实上执行机构偏于硬件,而受控对象更偏于数据。例如工业机器人的运动控制系统中,人们可以认为执行机构就是驱动电动机,但人们希望控制的对象却是机器人末端的位置或运动速度等。在一个开环控制系统中,系统的输入信号不受输出信号的影响。也就是说,控制的结果不会反馈回来影响当前控制的系统。目前用于生产和生活的一些自动化装置,如自动售货机、自动洗衣机、微波炉、洗碗机、自动车床等,一般都是开环控制系统。

在开环控制中,对于系统的每一个输入信号,必有一个固定的工作状态和一个系统输出量与之对应。开环控制的特点是控制器只按照给定的输入信号

PPT

开环与闭环

对被控对象进行单向控制,而不对被控量进行测量并反向影响控制作用,因此这种开环控制系统不具有修正由扰动引起的被控制量(实际输出)偏离预期值的能力。由于开环控制的抗扰动能力差,因此其使用有一定的局限性。

举一些人们身边的开环控制系统的小例子:打开灯开关后的一瞬间,控制活动已经结束,灯是否亮起已对打开开关的这个动作不再有影响;投篮时篮球出手后就无法再继续对其控制,无论球进与否,球出手的一瞬间控制活动即结束。

(2)闭环控制系统

闭环控制系统又称闭环反馈控制系统,是由信号正向通路和反馈通路构成闭合回路的自动控制系统,可以将控制的结果反馈至输入端与预期输出比较,并根据它们的误差调整控制作用。

与开环系统不同,闭环控制系统增加了对实际输出的测量,并将实际输出与预期输出进行比较,也就是本节前面提到的反馈。

与开环系统比较,闭环控制系统有许多优点,例如有更强的抗外部干扰的能力和衰减测量噪声(由于测量实际输出而产生的噪声可以被看成一种干扰)的能力。在现实世界中,外部扰动和测量噪声是不可避免的,因此在图 6-5 所示的框图中,外部输入还存在扰动和测量噪声。因此,在设计实际控制系统时,必须采取措施加以解决。

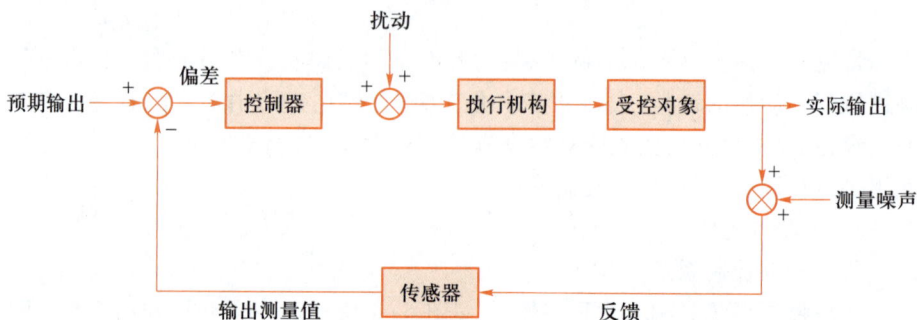

图 6-5　闭环控制系统

图 6-5 所示系统是单回路反馈控制系统,然而许多系统具有多个回路。图 6-6 所示就是一个具有内部回路(内环)和外部回路(外环)的多回路反馈控制系统。在这个控制系统中,内部回路配备有控制器和传感器,外部回路也配备有控制器和传感器。多回路反馈控制更能代表现实世界中的实际情况,但通常人们主要利用单回路反馈控制系统来学习反馈控制系统的特性和优点,得到

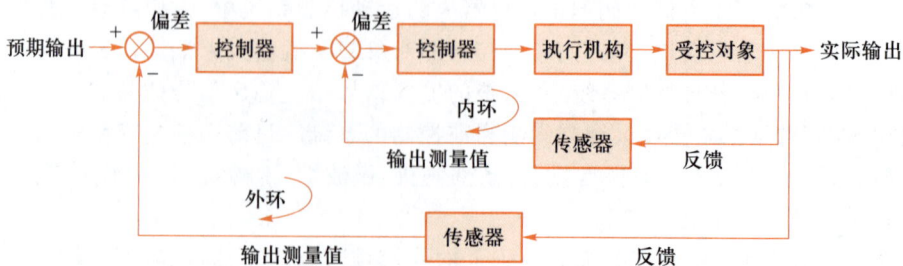

图 6-6　具有内环和外环的多回路反馈控制系统

的结论也可以方便地推广到多回路反馈控制系统。

由于控制系统日益复杂,同时人们对获得最优性能的需求与日俱增,近几十年来,控制系统的设计变得越来越重要,而且控制系统的日趋复杂,要求在设计控制方案时,必须考虑多个受控变量间的关系。

6.1.2　工业机器人控制系统的硬件结构

上一节介绍了控制系统的基础知识,那么在工业机器人的控制系统中,控制器和整个系统的具象载体又是什么样的呢?这一节来介绍工业机器人控制系统的硬件结构。

控制系统硬件部分为整个控制系统提供良好的物理平台。作为控制系统软件部分的工作平台,控制系统硬件对整个控制系统的性能和可扩展性起着决定性的作用。工业机器人控制系统的硬件一般指工业机器人的控制器,又名控制柜。

按照控制系统的硬件组成结构划分,机器人的控制系统一般分为集中式控制、主从式控制和分散式控制,如图6-7所示。一台计算机实现全部控制功能的控制方式称为集中式控制,由于实时性和扩展性较差,已经被逐步淘汰。主从式控制采用主、从两级处理器实现系统的全部控制功能,主处理器又名主计算机,从处理器又名运动控制器,这种控制方式实时性较好,适用于高精度、高速度控制。分散式控制方式将控制系统按其控制性质和方式分成几个模块,每一个模块各负责不同的控制任务和控制策略,各模块之间可以是主从关系,也可以是平等关系,智能机器人或者传感机器人多采用分散式控制方式。

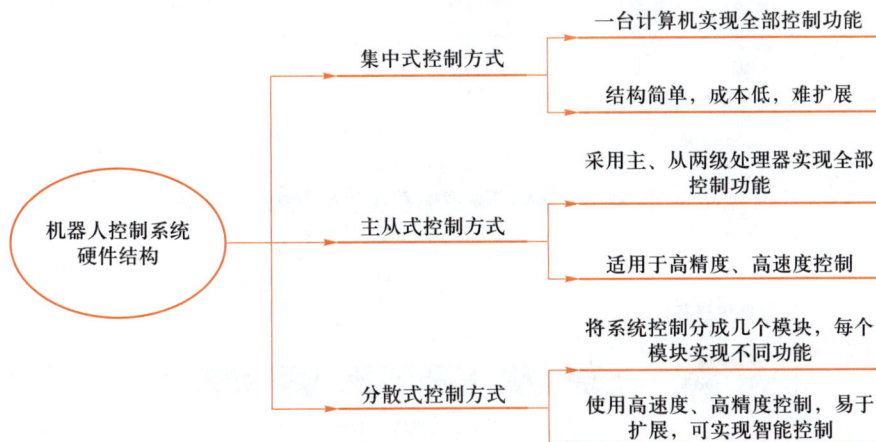

图6-7　按照硬件组成结构划分机器人控制系统

由于工业机器人的控制过程涉及大量的坐标变换、插补运算以及实时控制,所以目前的工业机器人控制系统在结构上多数采用主从式分层结构,通常采用的是两级计算机伺服控制系统,即系统控制器由主计算机和运动控制器组成。

按照控制系统的开放程度,工业机器人的控制系统又可分为封闭型、开放型和混合型,如图6-8所示。封闭型的控制系统是不能或者很难与其他硬件和软件系统结合的独立系统。开放型的控制系统具有模块化的结构和标准的接口协议,其用户和生产厂家可以很方便地对其硬件和软件结构集成外部传感器、开发控制算法和用户界面等。混合型的控制系统结构是部分封闭、部分开放的,现在应用的较为广泛的工业机器人控制系统基本都是混合型的。

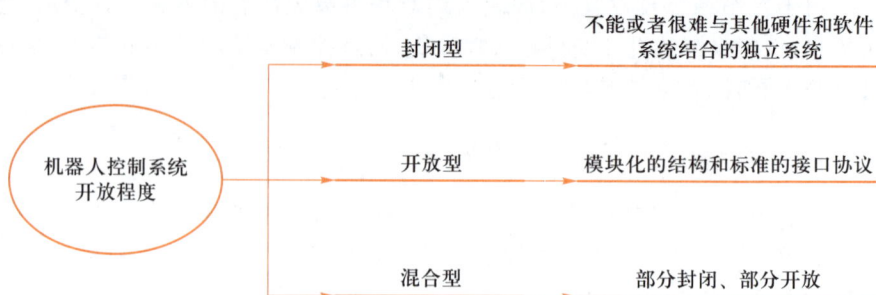

机器人控制系统开放程度	封闭型	不能或者很难与其他硬件和软件系统结合的独立系统
	开放型	模块化的结构和标准的接口协议
	混合型	部分封闭、部分开放

图 6-8　按照控制系统的开放程度划分机器人控制系统

图 6-9 所示为典型的主从控制式、混合型的工业机器人控制系统硬件结构,主要由主计算机、运动控制器、I/O 单元、伺服驱动器、伺服电动机和反馈装置几个主要部分构成,其中反馈装置的角色一般由传感器扮演。控制系统硬件还包括了安全保护装置和人机交互工具,如紧急停止按钮和示教器。

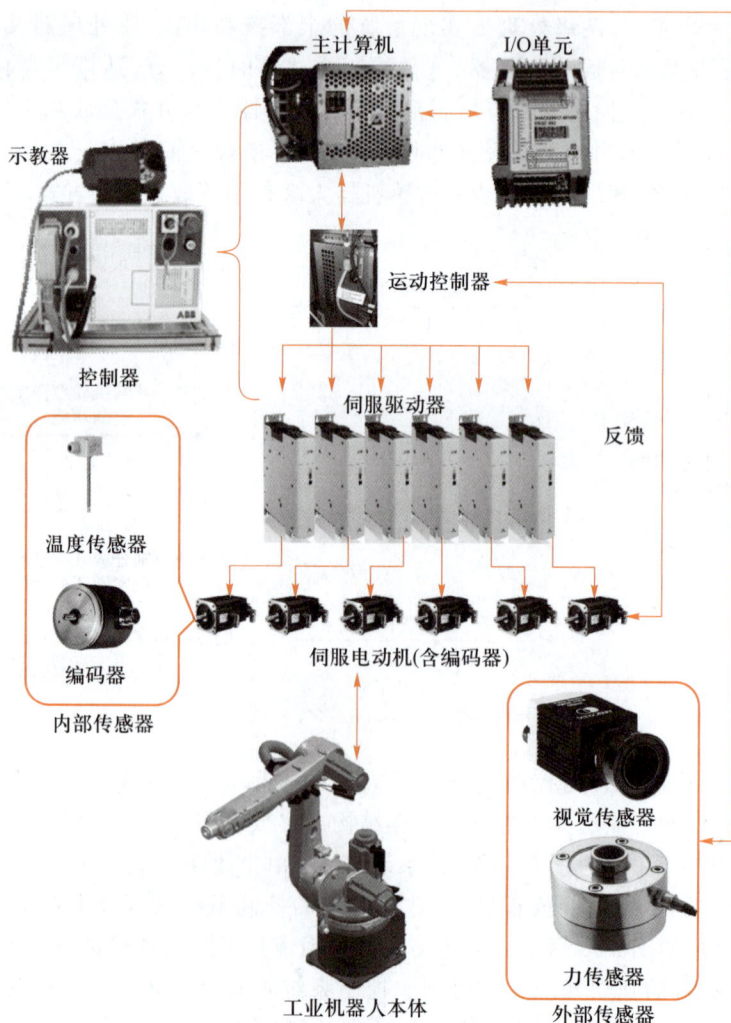

图 6-9　控制系统硬件

控制系统的硬件安装在工业机器人控制器柜体内部,伺服电动机安装在工业机器人本体上,伺服电动机与示教器通过线缆与控制器连接,图 6-10 所示为典型的工业机器人控制器(又名控制柜)内部结构。

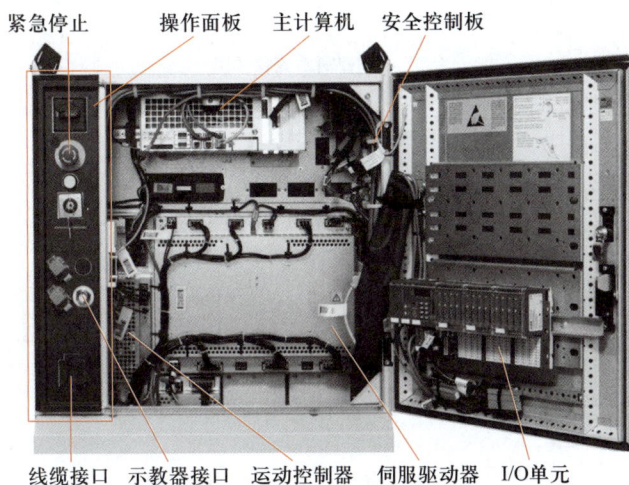

图 6-10　典型控制器内部结构

控制器内的主计算机,相当于计算机的主机,包含系统板卡,用于存放系统和数据。

运动控制器与主计算机连接,不保存数据,但工业机器人本体的位置数据等都由运动控制器处理,处理后的数据传送给主计算机。

安全控制板主要负责的是紧急停止按钮和外部触发的安全信号的处理。

I/O 单元是机器人与外部的通信接口,可以与外围设备进行 I/O 通信。

工业机器人的手持式编程器又名示教器,是用户与工业机器人之间的人机对话工具。

伺服驱动器又称为"伺服控制器""伺服放大器",是用来控制伺服电动机的一种控制器,其作用类似于变频器作用于普通交流电动机,属于伺服系统的一部分,一般是通过位置、速度和力矩三种方式对伺服电动机进行控制,实现高精度的传动系统定位,目前是传动技术的高端产品。

6.1.3　控制系统的功能体系

下面通过典型的控制结构,进一步讲解控制系统硬件的结构和工作方式。图 6-11 所示为简化的控制系统硬件工作分工图。

主计算机内含系统板卡,有一系列可以与外围设备相连接的操作接口、网络接口、I/O 接口等,负责系统和数据的存储。典型的系统板卡还应包含局部 RAM、EPROM、计数器、寄存器、计时器和中断系统等。

运动控制器内包含运动学板卡和动力学板卡,运动学板卡可以执行运动学计算、轨迹可行性分析以及冗余计算等,动力学板卡可以执行动力学计算。如采取集中式控制,运动控制器则集成于主计算机中。

通过对第 4 章的学习已经了解,传感器按照相对于机器人本体的布置位置可以分为内、外部传感器。伺服控制系统内的编码器是典型的内部传感器。典

PPT

工业机器人
控制系统硬
件工作分工

型的外部传感器有视觉传感器、力觉传感器等,可以通过 I/O 单元实现与运动控制器的通信,将外部传感器感知到的环境因素等信息传输给运动控制器。

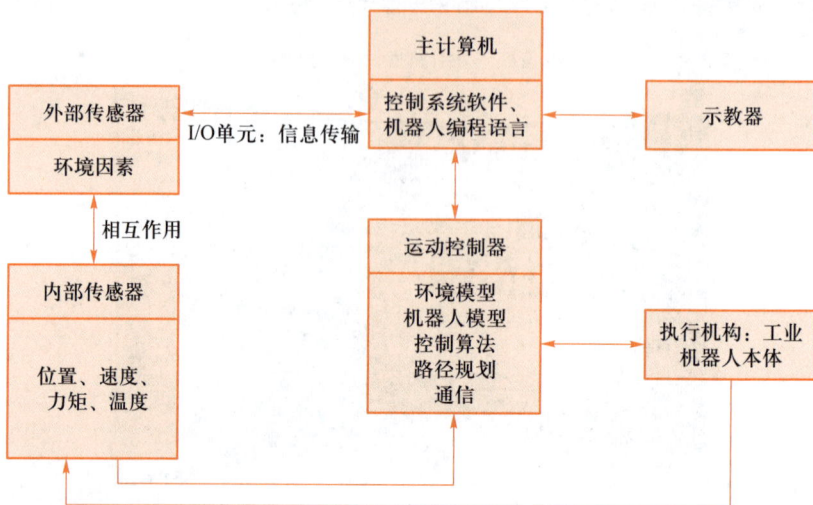

图 6-11   控制系统硬件工作分工图

运动控制器可根据传感器感知到的信息进行运算求解,控制执行机构和外部设备的工作状态。

通过人机交互工具(如示教器)可实现对执行机构的直接操纵,专用的编程语言是示教器与工业机器人的交流工具。当发生危险或者碰撞时,可通过触发安全机制实现对伺服驱动系统的直接控制,立即停止执行机构的运行。

典型的控制系统硬件工作流程如图 6-12 所示,主计算机负责系统的管理、任务的处理、人机交互等,主计算机将命令发送给运动控制器,运动控制器完成由驱动器、伺服电动机和传感器组成的闭环伺服驱动系统的控制,执行机构执行具体的动作,传感器将相关位置、速度、加速度等信息反馈给运动控制器。

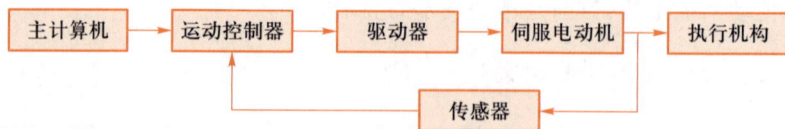

图 6-12   控制系统硬件工作流程

PPT 📱
分层递阶控
制结构组成
与工作方式

6.1.4   分层递阶控制结构

1. 分层递阶控制结构

控制系统的分层递阶控制结构将控制系统分成若干层级,使不同层级上的模块具有不同的工作性能和操作方式。在分层递阶控制结构中,最广泛遵循的原则是依据时间和功能来划分体系结构中的层次和模块,其中最有代表性的是 NASREM 的结构,如图 6-13 所示。

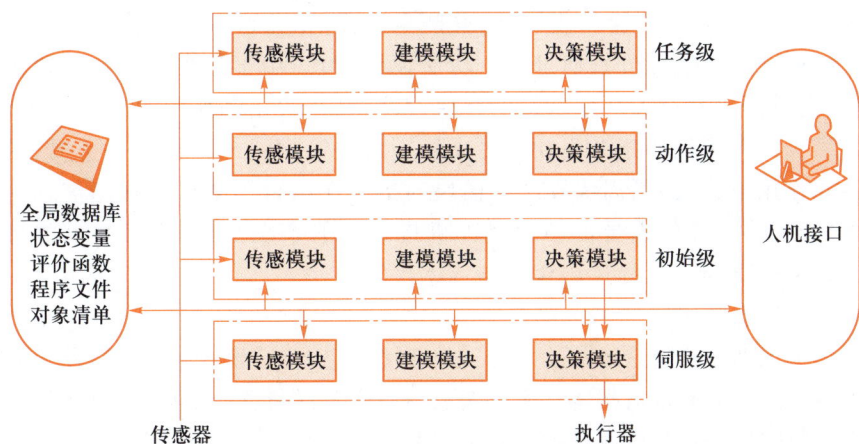

图 6-13   工业机器人控制系统的分层递阶控制结构参考模型

在这个结构中,工业机器人的控制系统可以简化为彼此关联、又各具独立性的四级递阶控制层级,每一层级负责不同功能的任务,形成工业机器人控制系统的分层递阶控制结构。四个层级由高到低分别为任务级、动作级、初始级和伺服级。分层递阶控制结构中处于较低级别的伺服级主要进行物理动作的执行,处于较高级别的任务级和动作级负责动作所需的逻辑行为规划。

为实现不同层级间信息的交换,系统配置了共享全局数据库,该数据库包含整个系统和使用环境状态的最新数据。

每个控制层级都包含人机操作接口,从而实现操作者对控制系统的监控与干预。

分层递阶控制结构的功能如何分解、时间关系如何确定、空间资源如何分配等问题,都直接影响整个系统的控制能力。同时为了保证控制系统的扩展性、技术的更新和各种新算法的采用,要求系统的结构具有一定的开放性,从而保证机器人功能不断增强。

分层递阶控制结构主要有如下优点:

1)可以由用户或第三方开发人员更换或修改,用户可以根据需要进行机器人控制系统改型,机器人系统的应用范围更广泛。

2)硬件和软件结构很容易集成传感器、操作接口。

3)采用模块化技术,开发系统的过程中可以使用经过测试性能良好的子系统模块,模块的复用可以降低开发成本,提高系统的质量和安全性能。

4)开放型结构使得任何符合接口标准的第三方硬件和软件包都可以添加到系统中或替换功能相同的部件,加速了从研究系统向可操作系统的转化,缩短了从研究到商品化产品的周期。

2. 功能模块

为实现工业机器人系统行为的管理,每个控制层级应该包含具备以下功能的设备:能够移动工作环境中的物理目标,即具备操作能力;能够获取系统和工作环境的状态信息,即具备感知能力;能够运用信息调整系统的行为,即具备一定的智能;能够存储、解释和提供系统运动的相关数据,即具备数据处理能力。每个模块都具有一定的实时处理数据并输出的功能,在接收输入的基础上进行一些计算,并产生输出。

以上这些功能可分别通过三个功能模块实现:用于管理测量数据的传感模块、用于提供对相关环境认知的建模模块、用于决定动作策略的决策模块。各个级别决策模块的指令由相邻更高级别的决策模块或人机接口生成,或两者共同作用下生成,最高级别决策模块的指令在综合了全局数据库信息后独立生成。此外,操作人员能够通过人机接口获取系统工作状态,并由此将操作人员的信息与决策提供给建模与传感模块。

(1)传感模块

为了识别和测量系统的状态与工作环境信息,传感模块对装在机器人系统上的各传感器的测量数据进行实时获取、解释、关联与整合,每个控制层级功能的实现都需建立在相应测量数据的基础上。

(2)建模模块

建模模块包含根据预先获取的系统与工作环境信息而建立的模型,模型根据传感模块传来的信息实时更新。

(3)决策模块

决策模块的主要任务是对任务的分解。任务分解需要考虑连续动作的时间分解与并行动作的空间分解。赋予每个决策模块的功能包括基本动作分配管理、任务规划与执行。决策模块的功能也体现了控制层级的级别,决定了同一层级传感模块与建模模块的功能。

3. 控制层级

(1)任务级

在任务级,用户指定工业机器人系统要完成的任务,任务的制定将在抽象的高级别层级上执行。期望任务的目标经过分析后,分解为空间坐标和时间坐标上的一系列动作,从而使任务分级后进行直至完成。

以装配生产线中用于完成一定装配任务的工业机器人为例,要定义向动作级的决策模块传输信息的动作,任务级决策模块应向其全局数据库请求能否使用建模模块,例如选择装配类型、待装配对象的组成、装配顺序及工具等。全局数据库需要不断地更新,信息可通过传感模块获得。

(2)动作级

动作级将来自任务级的命令转换成中间位形序列,用于规划每个动作的运动路径。序列的规划根据在建模模块建立的模型和传感模块处理后的动作执行环境来完成。

决策模块需要选择最适当的坐标系来计算工业机器人末端执行器的位置与姿态。决策模块还要决定是在关节空间还是在操作空间实现操作,计算路径或经由点。如需计算经由点,还要定义插值函数。根据避障、运动学奇异点、机械关节极限以及可用冗余自由度的最终使用等条件,能够确定动作的可行性。全局数据库根据动作序列的操作环境信息进行更新,信息由传感模块提供。

(3)初始级

接收到来自动作级的动作序列后,初始级将计算可行性运动轨迹并确定控制策略,生成伺服级的输入信息。决策模块要根据传感模块提供的特征及环境信息和建模模块提供的工业机器人动力学模型知识来计算相关轨迹。此外,决策模块还定义了控制算法的类型,如分布控制、集中控制或交互控制;实现适当的坐标变换,如必要的运动学求逆。传感模块在运动规划与运动实现两者出现冲突时,通过力觉传感器、视觉传感器或其他传感器提供反馈信息。

（4）伺服级

在初始级给出的运动轨迹和控制策略的基础上,伺服级提供关节处伺服电动机驱动信号,从而使控制算法得以执行。当受控对象真实值与参考值之间产生误差信号时,控制算法利用工业机器人动力学模型与必要的运动学模型知识对误差信号进行处理。传感模块给出工业机器人本体传感器（位置、速度、必要的接触力）的测量值,决策模块利用这些测量值计算伺服误差,必要的情况下这些测量值可用于建模模块更新模型中与结构有关的部分。

4. 分层递阶控制结构的典型参考模型

分层递阶控制结构的典型参考模型如图 6-14 所示。

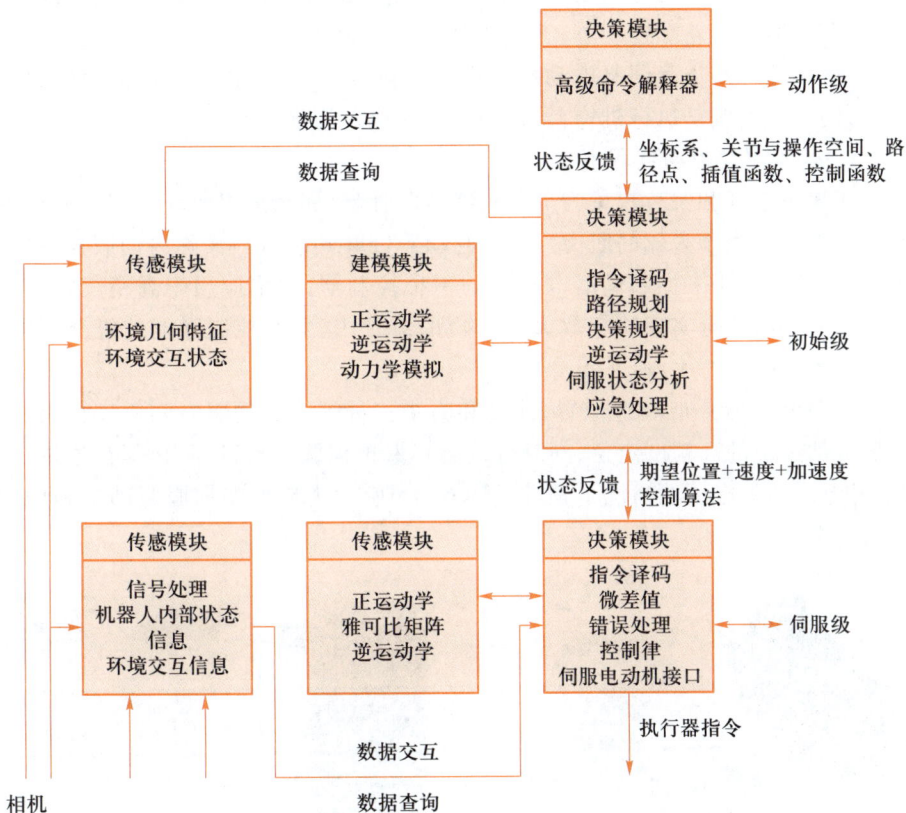

图 6-14 分层递阶控制结构的典型参考模型

1）分层递阶控制结构的最低级——伺服级,通常包括建模模块和传感模块,这是由工业机器人的伺服级的高动态性能需求决定的,即使其只是用于相对简单的场合。

2）初始级通常只包括建模模块,而传感模块只是在少量的要求工业机器人与外界环境有交互的应用场合出现。

3）动作级通常只包括决策模块,作为操作人员给出的高层级指令的解释器,所有任务的中止功能交给操作者,因此建模模块与传感模块在该层级基本不存在。

以上所示的分层递阶控制结构的高度结构化参考模型使控制系统朝着性能越来越强的方向发展成为可能。

🤖 6.2   工业机器人运动控制

6.2.1   伺服驱动系统

通常情况下,人们所说的机器人伺服驱动系统就是指应用于多轴运动控制的精密伺服系统。一个多轴运动控制系统由伺服电动机、伺服驱动器、运动控制器三大部分构成。其中,运动控制器负责运动控制指令译码、各个位置轴间相对运动、加减速轮廓控制等,其主要作用在于降低整体系统运动控制的路径误差;伺服驱动器负责伺服电动机的位置控制,主要作用在于降低关节的追随误差;伺服电动机是执行机构,靠它来实现机器人关节运动。

1. 伺服驱动器与伺服电动机

如果把连杆和关节想象为工业机器人的骨骼,那么伺服驱动器在工业机器人中的作用相当于人体的肌肉。伺服驱动器(Servo Drives)又称为伺服控制器、伺服放大器,是用来控制伺服电动机的一种控制器,主要应用于高精度定位系统。伺服驱动器是实现功率放大与变换的装置,是弱电控制强电的媒介,是运动控制系统的执行手段。

伺服驱动器一般通过位置、速度和力矩三种方式对伺服电动机进行控制,实现传动系统的高精度定位,同时可以起到保护伺服电动机,防止其在过热、过载、过电流和欠电压的情况下损坏。图 6-15 所示为典型的伺服驱动器和伺服电动机组合。

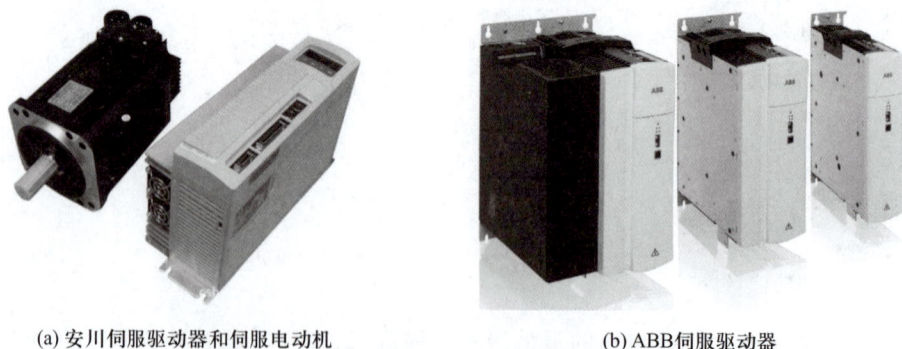

(a) 安川伺服驱动器和伺服电动机   (b) ABB伺服驱动器

图 6-15   伺服驱动器和伺服电动机

由于工业机器人机械本体的体积、工作空间等的限制,工业机器人的伺服驱动系统中的伺服电动机、伺服驱动器及其外围电气部件需要合理布局。其中,伺服电动机和减速器由于直接带动关节转动,因而放置于机械本体之中。

伺服驱动器的调控对象是伺服电动机,而且驱动器的正常工作还需要外围的电气部件,包括电抗器、电磁接触器、噪声滤波器、配线断路器等,这些电气部件的摆放需要考虑电磁、信号间的干扰,因此将伺服驱动器及其外围电气部件放置于控制柜中。图6-16所示为典型的伺服驱动器安装位置。

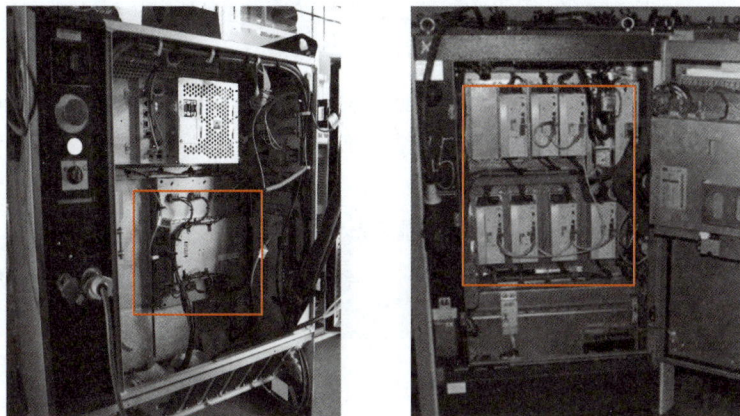

(a) IRC5单柜式控制柜内部　　　　　(b) IRC5立式控制柜内部

图6-16　典型的伺服驱动器安装位置

2. 伺服驱动原理

机器人的伺服驱动系统是一个跟踪机器人本体当前运动状态并进行反馈的闭环系统。结合6.1节闭环反馈控制系统中介绍的内容,可以看出控制器的功能是检测各关节的当前位置及速度,将它们作为反馈信号,最后直接或间接地决定各关节的驱动力。

从理论上讲,使用闭环伺服驱动系统可以消除整个驱动和传动环节的误差、间隙和失动量,使系统具有很高的位置控制精度。由于位置环内的许多机械传动环节的摩擦特性、刚性和间隙都是非线性的,所以很容易造成系统的不稳定,使闭环系统的设计、安装和调试都相当困难。

伺服驱动系统的结构、类型繁多,但从控制理论的角度分析,一般包括控制器、受控对象、执行装置、检测环节、比较环节五部分,如图6-17与表6-1所示。工业机器人的伺服驱动系统也是如此。

PPT
工业机器人
的伺服驱动
系统

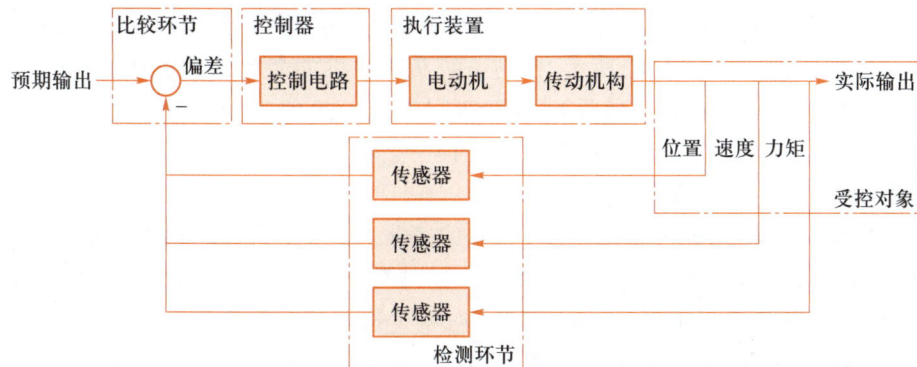

图6-17　伺服驱动系统组成原理框图

表 6-1　伺服控制系统的组成部分

组成部分	功能
比较环节	将输入的指令信号与系统的反馈信号进行比较,以获得输出与输入间的偏差信号的环节,通常由专门的电路或计算机来实现
控制器	通常是各种控制电路(如 6.2.2 节中的 PID 控制器),其主要任务是对比较元件输出的偏差信号进行变换处理,以控制执行元件按要求动作
执行装置	按控制信号的要求,将输入的各种形式的能量转换成机械能,驱动被控对象工作。工业机器人系统中的执行元件一般指各种电动机或液压、气动伺服机构等
受控对象	指被控制的变量,在工业机器人系统中一般特指运动的位置、速度或力矩
检测环节	能够对输出进行测量并转换成比较环节所需要的量纲的装置,一般包括传感器和转换电路

6.2.2　工业机器人单轴运动控制

在机器人运动控制中,最简单的就是单轴运动控制。在实际操作中,诸如手动操纵机器人各轴回零等操作,都是控制机器人做单轴运动。如今机器人的运动控制已经开发出了多种算法,但绝大多数机器人的关节电动机使用的都是经典的 PID 控制算法。

下面介绍机器人单轴运动中最传统、最简单的 PID 算法。

1. 什么是 PID

在机器人运动控制系统中,人们希望控制的量有很多,如机器人末端位置、电动机转速、电动机转矩等。在介绍 PID 算法时,以机器人关节的电动机转速作为被控量来形象地介绍这一控制理论中的经典算法。

从前面的内容可知,工业机器人运动系统采用了反馈控制方式。反馈的引入使人们能够更好地控制受控系统,以便得到预期的输出,并改善控制的精度,但它同时也要求人们对系统相应的稳定性给予足够的重视。为了解决系统稳定性问题,各种控制器(控制电路、控制算法)应运而生。

操纵机器人运动,本质上就是使电动机从停转(转速为 0)状态启动,达到要求转速。把电动机的这个启动过程称为响应,可以理解为电动机的行为响应了运动控制系统的要求。从某个速度跳变到另一个速度,可以被看作一个理想的阶跃响应,如图 6-18(a)所示,控制系统给电动机的命令也是实现这样的响应(即系统的输入为阶跃信号),然而实际上电动机给出的转速响应曲线是图 6-18(b)这样的曲线。在这个响应过程中会出现这样几个参量:上升时间、超调量、调整时间等,如图 6-18(b)所示。

电动机的转速曲线出现波动,可能的表现形式即为机械臂的抖动,尽管这个时间段和抖动幅度都可能非常小,但是对于一些高速且精密的动作来说,就有可能是严重错误,例如用于医学、精密仪器装配的机器人。

机器人运动控制系统的设计者,对电动机的转速响应有以下三点追求:

1) 让电动机在最短时间内达到既定的目标速度。

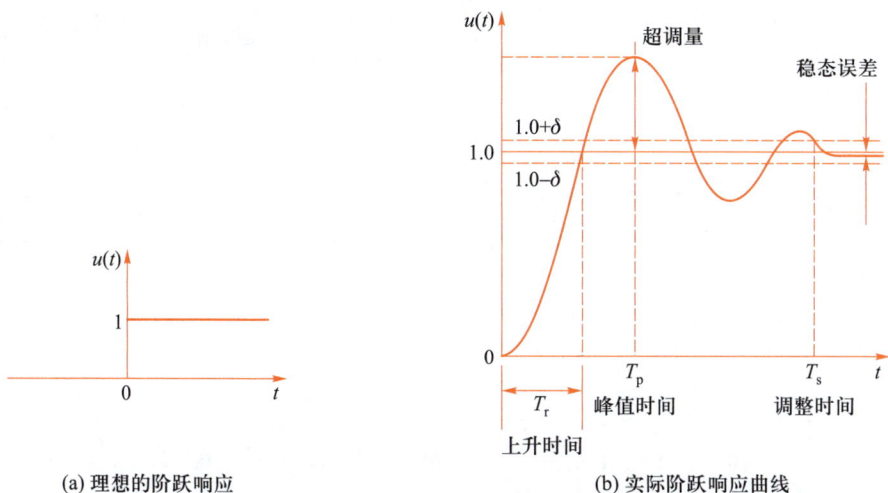

(a) 理想的阶跃响应　　　　　　(b) 实际阶跃响应曲线

图 6-18　阶跃响应

2）使转速的波动幅度尽可能减小。

3）尽可能减少转速的不稳定时间段。

以上三点基本可以概括为：快、准、稳。

在工程实际中，实用控制器中最为广泛应用的一种控制方法为比例（P）、积分（I）、微分（D）控制，简称 PID 控制。PID 控制的原理是将偏差（预期输出与实际输出值的差）的比例、积分和微分通过线性组合构成控制量，对被控对象进行控制，其原理图如图 6-19 所示。

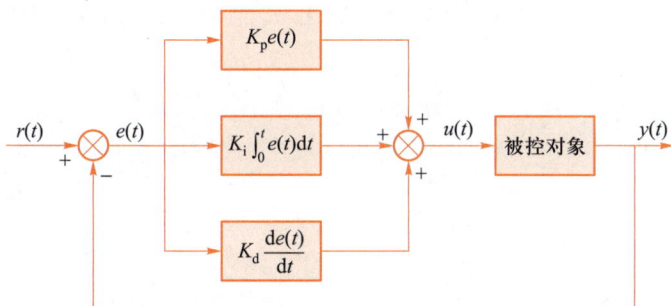

图 6-19　PID 控制原理图

PID 控制器的输出包含三项：P 项（比例环节）、I 项（积分环节）与 D 项（微分环节）。表达式如下：

$$u(t) = K_p \left[e(t) + \frac{1}{T_i} \int_0^t e(t) \, dt + T_d \frac{de(t)}{dt} \right]$$

式中，K_p 为比例参数，$K_i = \dfrac{K_p}{T_i}$ 为积分参数，$K_d = K_p T_d$ 为微分参数。

比例控制是一种最简单的控制方式，通过调节比例参数进行比例控制，使控制器的输出与输入误差信号成正比。当仅有比例控制时，系统输出存在稳态误差。P 项与系统误差成正比，其作用为将实际输出拉向参考输入。不同比例增益 K_p 下，响应对时间的变化（T_i 和 T_d 值固定）如图 6-20 所示。

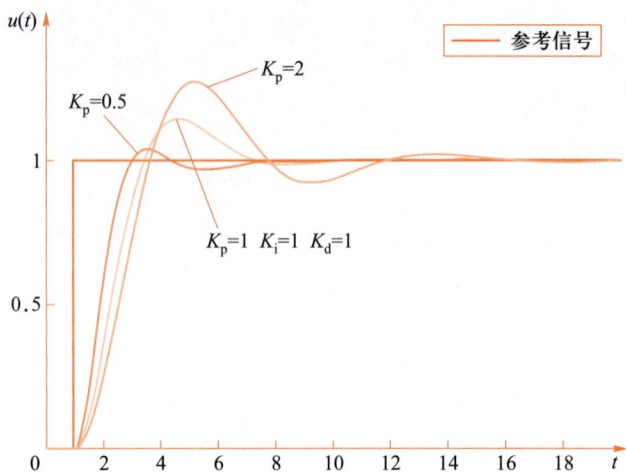

图 6-20　不同比例增益 K_p 下，响应对时间的变化（T_i 和 T_d 值固定）

　　在积分控制中，控制器的输出与输入误差信号的积分成正比关系。对一个自动控制系统，如果在进入稳态后存在稳态误差，则称这个控制系统是有稳态误差的系统或简称有差系统。为了消除稳态误差，在控制器中必须引入积分项。积分项对误差的影响取决于时间的积分，随着时间的增加，积分项会增大。这样，即便误差很小，积分项也会随着时间的增加而加大，它推动控制器的输出增大使稳态误差进一步减小，直到等于零。因此，比例＋积分（PI）控制器，可以使系统在进入稳态后无稳态误差。I 项与系统误差积分成正比，其作用为消除稳态误差，但会恶化从发生激励到稳态的过渡过程（超调量以及响应时间）。不同积分增益 T_i 下，响应对时间的变化（K_p 和 T_d 值固定）如图 6-21 所示。

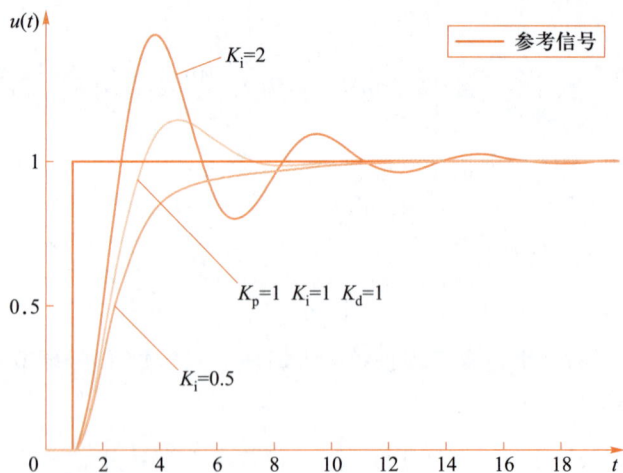

图 6-21　不同积分增益 T_i 下，响应对时间的变化（K_p 和 T_d 值固定）

　　在微分控制中，控制器的输出与输入误差信号的微分（即误差的变化率）成正比。自动控制系统在克服误差的调节过程中可能会出现振荡甚至失稳，原因是存在有较大惯性组件（环节）或有滞后组件，具有抑制误差的作用，使系统的响应总是落后于误差的变化。解决的办法是使抑制误差的变化"超前"，即在误差接近零时，抑制误差的作用就应该是零。这意味着，在控制器中仅引入"比例项"往往是不够的,比例项的作用仅是放大误差的幅值,而为了解决滞后问题需要增加的是"微分项",因其能预测误差变化的趋势。这样,具有比例+微分的控制器,就能够提前使抑制误差的控制作用等于零,甚至为负值,从而避免了系统输出的严重超调。所以对有较大惯性或滞后的受控系统,比例+微分(PD)控制器能改善系统在调节过程中的动态特性。D 项与系统误差微分(速度误差)正比,其作用为改善过渡过程。不同微分增益 T_d 下,响应对时间的变化(K_p 和 T_i 值固定)如图 6-22 所示。

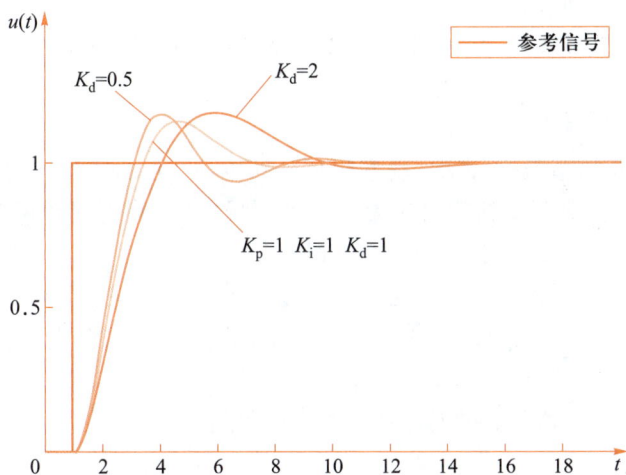

图 6-22　不同微分增益 T_d 下,响应对时间的变化(K_p 和 T_i 值固定)

　　PID 控制是一种基于误差的控制方法。在设计 PID 控制器时,并不需要知道被控对象的模型,控制器中的三个参数均需要通过调试获得。PID 广泛应用在控制系统中的原因还有:

　　1)结构简单。搭建一个反馈环,接入控制器即可。控制器仅仅由比例、微分、积分器并联,容易实现。

　　2)参数调整容易、可靠。PID 控制器的三个参数有其明确物理意义,可以通过反复调试方便地手动调节,得到比较好的效果,也可以针对性能要求进行调节。

　　2. PID 控制系统的参数整定

　　由于计算机控制是一种采样控制,它只能根据采样时刻的误差信号计算控制量,而不能像模拟控制那样连续输出控制量,进行连续控制。由于这一特点,控制器中的积分项和微分项不能直接使用,必须进行离散化处理。离散化处理的方法为:以 T 作为采样周期,则离散采样时间对应着连续时间,用矩形法数值积分近似代替积分。离散化原理如图 6-23 所示。

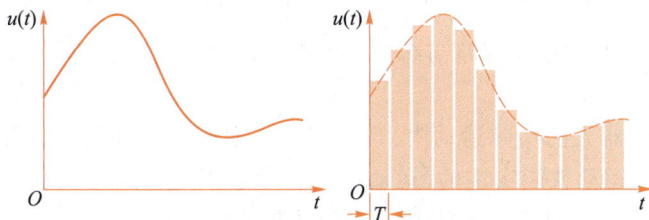

图 6-23　离散化原理

决定一个 PID 控制器作用的,其实就是比例系数 K_p、积分时间 T_i 和微分时间 T_d 的具体数值。通过改变控制器的参数,使其特性和过程特性相匹配,以改善系统的动态和静态指标,取得最佳的控制效果,这个过程称为整定。

整定控制器参数的方法很多,归纳起来可分为两大类,即理论计算整定法和工程整定法。理论计算整定法有对数频率特性法和根轨迹法等;工程整定法有凑试法、临界比例法、经验法、衰减曲线法和响应曲线法等。工程整定法的特点是不需要事先知道受控过程的数学模型,直接在过程控制系统中进行现场整定方法简单,计算简便,易于掌握。

整定过程中需要保持参考输入基本不变。PID 控制器的调参经验可以概括如下。

1)将 T_i、T_d 项置零。

2)从 0 开始指数增加 K_p,观察闭环阶跃响应,比如取 $K_p = 1, 10, 100 \cdots \cdots$

在这个过程中会看到输出从无响应到缓慢响应,到出现超调振荡,再到指数发散。取刚好明显超调振荡时的参数作为 K_p。

3)从 0 开始缓慢增加 T_d,观察过渡过程的变化,取超调最小的 T_d 值。

4)从 0 开始缓慢增加 T_i,观察稳态误差,最后在过渡过程恶化和稳态误差减小间进行权衡。

添加 PID 控制器前后的对比如图 6-24 所示。

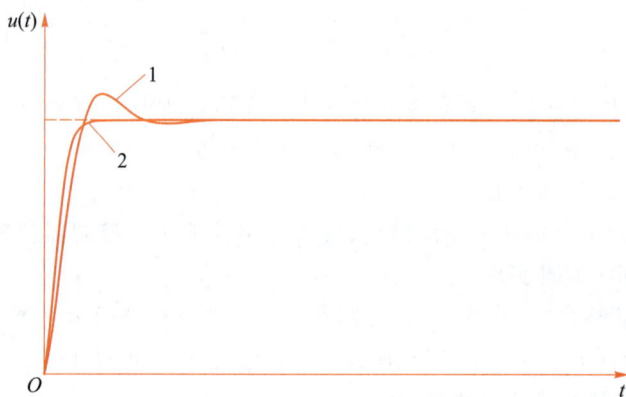

图 6-24　添加 PID 控制器前后的对比

1—添加 PID 控制器前电动机转速响应;2—添加 PID 控制器后电动机转速响应

6.2.3　工业机器人多轴运动控制

1. 多环控制回路

在机器人的单轴运动中,控制器通常会对电动机的位置、速度和力矩三个被控量进行控制,其控制回路与 6.1 节中提到的多环控制回路相似,如图 6-25 所示。

然而在机器人的实际运动中,当机器人末端要运动到某一目标点时,往往不是仅靠单轴运动就能实现的,运动的过程中也不是每个轴依次运动,而是多轴同时协同运动。相比于单轴运动,多轴协同控制是一个复杂的控制过程,这需要运动控制器将所有轴运动状态综合分析给出合适的运动路径,这个控制过程同样形成一个多环控制回路,如图 6-26 所示。

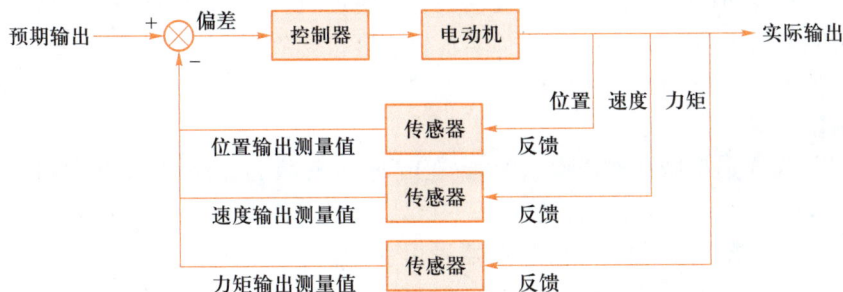

图 6-25　单轴运动的多环控制回路

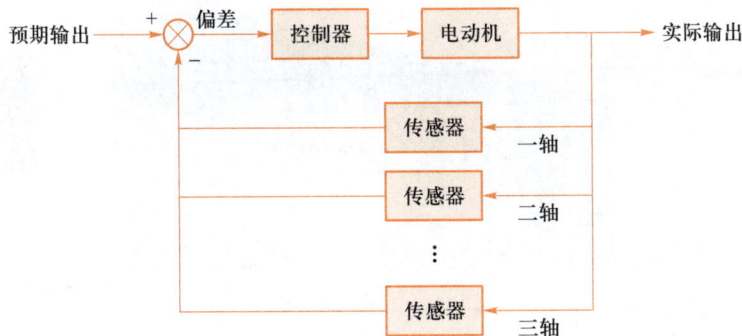

图 6-26　多轴协同控制的多环控制回路

2. 运动控制器

多轴协同运动需要解算,解算需要运动控制器,下面对运动控制器进行介绍。

（1）运动控制器的作用

工业机器人的运动控制器是控制技术与运动系统相结合的产物。在现代电子技术的支持下,它通常以微处理器为核心,综合运动轨迹设计、控制算法分析、运动学正逆解、各运动部件的实时驱动等功能,达到总体运动控制效果。在运动过程中,运动控制器还需对具体的运动速度、加速度、位置误差等进行实时监控,并对相关情况做出及时反应。

运动控制器相当于人的大脑,是工业机器人控制系统的主要组成部分,它支配着工业机器人按规定的程序运动,并记忆人们给予工业机器人的指令信息（如动作顺序、运动轨迹、运动速度及时间）,同时按其控制系统的信息对伺服驱动系统发出动作命令。为了能快速、精确地控制机器各个伺服驱动轴的动作和位置,要求运动控制器能高速地进行复杂的坐标变换运算。

（2）运动控制器的分类

目前,基于不同平台的运动控制器主要有如下几类。

1）基于 PC 技术的运动控制器。计算机技术的发展在工业控制领域也同样导致技术面貌的迅速改变。工业控制机,特别是采用 PC 技术的工业 PC 的涌现,大大推动和促进了开放式运动控制的发展。基于工业 PC 的运动控制器可以利用强大的软件环境和技术支持,摆脱专用封闭式控制系统的束缚,具有功能模块化、接口标准化、易扩展等特点。利用其高效运算功能、管理与监控能力

PPT
认识运动控制器

以及丰富的软件资源,可以实现更高级的控制算法、轨迹插补算法和补偿算法,从而丰富运动控制方法,大大提高伺服扫描速度,提高系统的分辨率,最终实现尽可能高的运动精度和速度,进而实现轨迹形状复杂的曲线或曲面运动。

基于 PC 技术的运动控制器还可以分为基于通用微处理器型、基于专用微控制器型等。

① 基于通用微处理器型。例如,在由 8088 等核心部件、存储器、编码器信号处理电路及 D/A 转换电路等组成的微处理器,其控制算法由事先编好的程序固化在存储器中,这种形式的控制器采用零件较多,可靠性低,体积较大,而且控制参数不易更改,软硬件设计工作量大。8088 微处理器如图 6-27 所示。

图 6-27　8088 微处理器

② 基于专用微控制器型。基于芯片的运动控制器,如 LM628、HCPL1100,用一个芯片即可完成速度曲线规划、PID 伺服控制算法、编码器信号的处理等多种功能。一些需要经常更改的参数如电动机位置、速度、加速度、PID 参数等均在芯片内部的 RAM 区内,可由计算机用指令很方便地修改。但由于受运算速度的限制,复杂的控制算法和功能很难实现。LM628 运动控制器及引脚图如图 6-28 所示。

(a) 外形

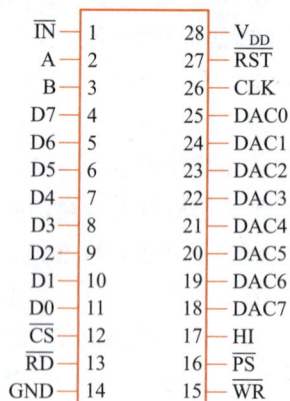

(b) 引脚图

图 6-28　LM628 运动控制器及引脚图

2) 基于 DSP 的运动控制器。20 世纪 90 年代以来,数字信号处理(Digital Signal Processing,DSP)技术在运动控制器中得到广泛的应用。这主要是因为 DSP 芯片的高速运算使得很多复杂的控制算法和功能得以实现,而且集成度高,利用控制器本身独特的硬件结构可以实现执行机构硬件位置的快速捕捉。DSP 芯片具有稳定性好、精度高、可重复性好、集成方便(具有通用接口)等优点,目前市场上已出现了多种基于 DSP 的高级运动控制器,这些控制器能同时控制多轴,有的已包含了运动轨迹插补运算及有前馈补偿功能 PID 算法,这为多轴伺服电动机的控制带来了极大的方便。国内外机器人研发大量采用 DSP 芯片作为运动控制器设计的核心部件,开发出很多性能先进的机器人系统。但是,由于 DSP 技术更新的速度快,开发和调试工具还不完善,所以对于轨迹控制和多轴联动参数匹配等需通过编写程序来实现,使用者熟练掌握对工业机器人的控制还比较困难。图 6-29 所示为 TMS320C2000 系列芯片。

图 6-29　TMS320C2000 系列芯片

3)基于 ARM 的运动控制器。ARM(Advanced RISC Machine)是对一类处理器的通称。ARM 处理器(见图 6-30)采用精简指令集计算机(Reduce Instruction Computer,RISC)结构,与传统的复杂指令集计算机(Complex Instruction Computer,CISC)相比具有以下特点:RISC 指令集的种类少,指令格式规范,通常只使用一种或几种格式,并且在字边界对齐;利用内置多条流水线来同时执行多个指令处理的超标量技术,实现处理器在一个时钟周期可以完成一条或多条指令;几乎所有的指令都使用寄存器寻址方式的简化寻址方式;多数的操作都是寄存器到寄存器的操作,只以简单的 Load 和 Store 访问内存。

图 6-30　ARM 处理器

ARM 处理器具有上述结构上的特点,这使它具备下列优点:

① 体积小、低功耗、低成本、高性能。

② 支持 Thumb(16 位)/ARM(32 位)双指令集,能很好地兼容 8 位、16 位器件。

③ 大量使用寄存器,指令执行速度快。

④ 寻址方式灵活简单,执行效率高。

4)基于 PLC 的运动控制器。PLC 具有通用性强、使用方便、适应面广、可靠性高、抗干扰能力强、编程简单等特点。随着 PLC 技术的发展,出现了更多功能强大的指令,具备更强的计算能力,特别是运动控制功能和网络通信功能更加强大,实现多轴协调控制、高度的集成操作及位置和速度的闭环控制,能够满足高性能工业机器人位置和运动精度要求。由 PLC 构成工业机器人控制器,硬件配置的工作量较小,无须制作复杂的电路板,只需在端子之间接线。常见的 PLC 控制器如图 6-31 所示。

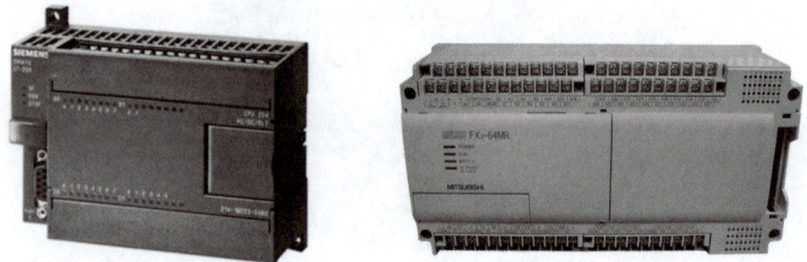

(a) 西门子S7-200控制器   (b) 欧姆龙FX2控制器

图 6-31   PLC 控制器

6.2.4   两种主流的控制算法

在焊接、喷漆等工作中,机器人的末端执行器在运动过程中不与外界位置相接触,机器人只需要位置控制就够了。而在切削、磨光、装配作业时,仅有位置控制难以完成工作任务,还必须控制机器人与操作对象间的作用力以顺应接触约束。机器人采用力控制可以控制机器人在具有不确定性的约束环境下实现与该环境相顺应的运动,从而可以适应更复杂的操作任务。

对一些复杂的作业,如工作环境不确定或变化的装配和高精度的装配,对公差的要求甚至超过机器人本身所能达到的精度,这时如果仍试图通过位置控制来提高精度,不仅代价昂贵,而且可能是徒劳无益的。而采用了力控制后,可以大大提高机器人的有效作业精度。

1. 力/位置混合控制

力/位置混合控制方法是基于将末端执行器的坐标空间,按其是否被环境约束而分为位置子空间和力子空间,通过控制末端执行器在位置子空间的位置和在力子空间的力来实现顺应控制的方法。这种方法的优点是可以直接控制末端执行器和周围环境间的相互作用力,这在有些场合是很重要的;其缺点是需要很多任务规划以及需要在力控制和位置控制之间切换。

2. 阻抗控制

阻抗控制是靠调节末端执行器的位置和接触力之间的动态关系来实现顺

应控制的。这种方法为避免碰撞、有约束和无约束运动提供了一种统一的方法。其优点是需要很少离线任务规划,对扰动和不确定性有很好的鲁棒性,能实现系统由无约束到有约束运动的稳定转换。因此,阻抗控制被认为更适合完成装配工作。其缺点是在实际中难于准确得到末端执行器的参考轨迹和环境的位置、刚度,从而既无法准确实现位置控制,又无法准确实现力控制。

6.3　工业机器人通信技术

一般来说,所谓的"通信"是指人与人之间传达思想的手段。计算机中的"通信"则是指人与设备、或设备与设备之间的信息交换。从上面的描述不难看出,能够进行通信的设备都具有一定的信息处理功能,即设备中有计算机存在。例如,在互联网中,世界各地的计算机通过网络运营商连接在一起并进行信息交换,就是数据通信。一个车间的所有机器人将各自的运行信息传达给工控机,再由工业控制机下达控制指令,也是一种数据通信。

本节将对通信技术做一些介绍。迄今为止,通信接口和通信方式在制造业中起到了重要的作用,很显然,它也是今后驱动生产设备更新换代的关键技术之一。

6.3.1　I/O 通信

1. 模拟信号与数字信号

如上所述,数据通信时一定至少有一方是计算机。故数据传输时,需要进行一次数据向信号的转换。电信号包括模拟信号和数字信号,如图 6-32 所示。模拟信号就是电振荡信号,或者说变换成电流或电压后的波形。采用模拟信号进行数据传输的方式称为模拟传输。传统电话就是模拟传输方式的例子。

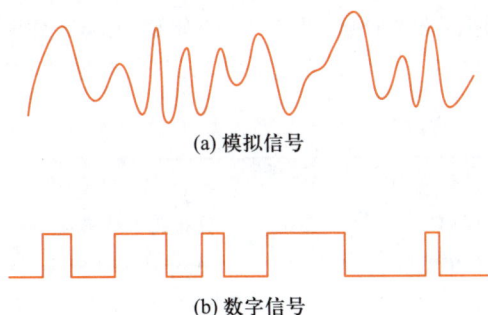

(a) 模拟信号

(b) 数字信号

图 6-32　模拟信号与数字信号

动画
模拟信号与
数字信号

模拟信号中的电压或电流是随时间连续变化的量。时间上不连续的信号,即电压的高低仅用特定值来表示的信号,称为数字信号。采用数字信号的数据传输方式称为数字传输。计算机网络、移动电话等的信号传输均为数字传输。

数字传输的优点在于数字信号的电信号很简单,能够有效地防止信号劣化,保证传输的稳定性。全部信息数字化后,只需一种传送线路即可完成传输工作。

数据通信中,根据传输线路的不同,需要进行模拟和数字信号之间的相互转换。例如,用电话线作为传输线路,应该先将数字信息转换为模拟信号,然后在接收端再转换成数字信号。将模拟信号转换为数字信号称为调制,将数字信号转换为模拟信号称为解调。

调制解调技术是数据通信中非常重要的技术。脉冲调制是调制的基本方式,可以把模拟信号转换为数字信号。脉冲调制时,每隔一定的时间进行一次模拟信号的采样,并对采样信号进行量化处理,转换成二进制的数值。数字信号到模拟信号的解调与信号调制的步骤相反。

2. 工业机器人 I/O 通信

工业机器人拥有丰富的 I/O 通信接口,可以轻松地实现与周边设备进行通信,其中 RS-232 通信、OPC server、Socket Message 是与 PC 通信时的通信协议;DeviceNet、PROFIBUS、PROFIBUS-DP、PROFINET、EtherNet IP 则是不同工业机器人厂商推出的现场总线协议,可根据需求选配使用合适的现场总线;例如如果使用 ABB 工业机器人标准 I/O 板,就必须有 DeviceNet 的总线。

不同的机器人厂商选用的标准 I/O 模块功能上大同小异,但选型上有所不同,像是 ABB 机器人常用的标准 I/O 板有 DSQC 651 和 DSQC 652,KUKA 机器人则提供了 Beckhoff 公司的 EtherCAT 模块。

6.3.2 I/O 信号与标准 I/O 模块

机器人 I/O 通信提供的信号处理包括数字输入(DI)、数字输出(DO)、模拟输入(AI)和模拟输出(AO)。在工业机器人系统中,通常将上述逻辑控制系统集成为一块板卡/模块——即标准 I/O 模块。使用一根导线连接 I/O 模块上的接口与通信设备,即可实现 I/O 通信。工业机器人的 I/O 模块与机器人内部总线相连,实现机器人内外部逻辑信号的传递与交换,有关总线的相关内容可见6.3.3 节。

ABB 机器人常用标准 I/O 板(见表 6-2)有 DSQC 651、DSQC 652、DSQC 653、DSQC 355A、DSQC 377A 五种,除分配地址不同外,其配置方法基本相同。

PPT
机器人的 I/O
通信

微课
配置标准 I/O
板 DSQC 652

表 6-2　ABB 机器人常用标准 I/O 板

序号	型号	说明
1	DSQC 651	分布式 I/O 模块 di8、do8、ao2
2	DSQC 652	分布式 I/O 模块 di16、do16
3	DSQC 653	分布式 I/O 模块 di8、do8 带继电器
4	DSQC 355A	分布式 I/O 模块 ai4、ao4
5	DSQC 377A	输送链跟踪单元

图 6-33 所示为 DSQC 652 板,主要提供 16 个数字输入信号和 16 个数字输出信号的处理。图 6-34 所示为 ABB IRC 5 Compact 控制器 I/O 接口。

总线耦合器模块(例如图 6-35 所示 EK1100 耦合器及下挂模块)里设有可连接 EtherCAT 的逻辑电路,通过系统总线与控制柜的端口连接。数字输入端和数字输出端将数字信号传送给总线耦合器,借助发光二极管指示信号状态。

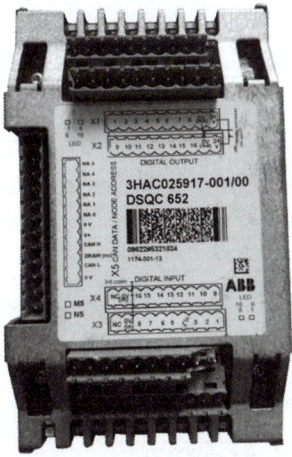

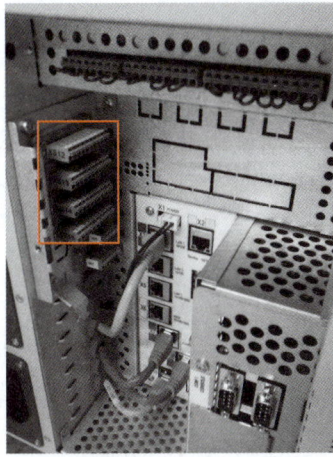

图 6-33　DSQC 652 板　　图 6-34　ABB IRC 5 Compact 控制器 I/O 接口

　　工业机器人可以选配标准的 PLC(本体同厂家的 PLC),既省去了与外部 PLC 进行通信的设置,又可以直接在工业机器人的示教器上实现与 PLC 相关的操作。

　　通常,可能与机器人进行 I/O 通信的设备有各类传感器、PLC 和电磁阀等执行器。I/O 信号可以反馈设备的状态、测量值等信息。机器人 I/O 使用并行通信技术,为了连接 I/O 线缆,I/O 板上接有端子连接器,可以有效连接输入、输出信号。在并行传输中,使用多根并行的线缆一次同时传输多位(信号的最小单位)。例如,在图 6-36 中,共有 8 根数据线,一次同时传输 8 位,每位占用一根数据线。

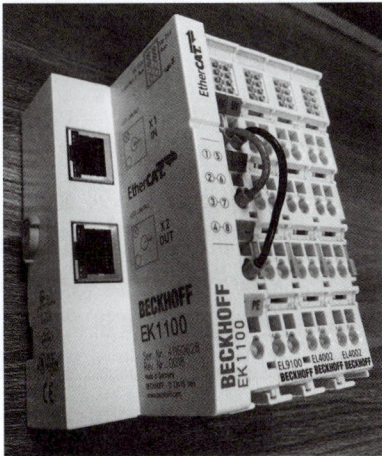

图 6-35　EK1100 耦合器及下挂模块　　图 6-36　并行输出

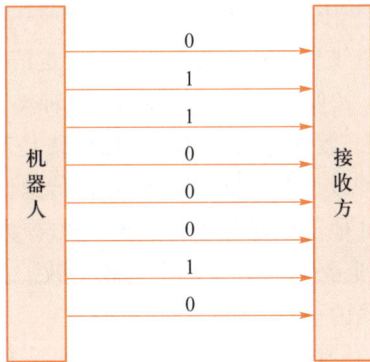

　　工业机器人的 I/O 通信有如下特点:

　　1) 由于 I/O 板上可连接的 I/O 信号数量有限(例如 ABB 机器人的 DSQC 652 I/O 板,就拥有固定的 16 个数字输入信号端口和 16 个数字输出信号端口),在设计工业机器人控制系统时就需要合理选择要连接信号的端子,有效利用有限的连接数量。

2）使用 I/O 通信可以简化相关的 I/O 指令,例如将夹爪的夹紧信号预设为 1,松开信号预设为 0。从机器人程序的方面来说也可以减少编程难度,减少中断。

3）此外,机器人控制器可以同时处理机器人运动和 I/O 信号,因此即使在运动过程中也可以处理 I/O 信号。

6.3.3　总线通信

无论是在机器人控制器内还是控制器外,有信息传递的地方,就需要有承载信息的媒介。图 6-37 是一张工业机器人的通信示意图,从图中可以看出,机器人中大部分的信息交换都是通过总线完成的。

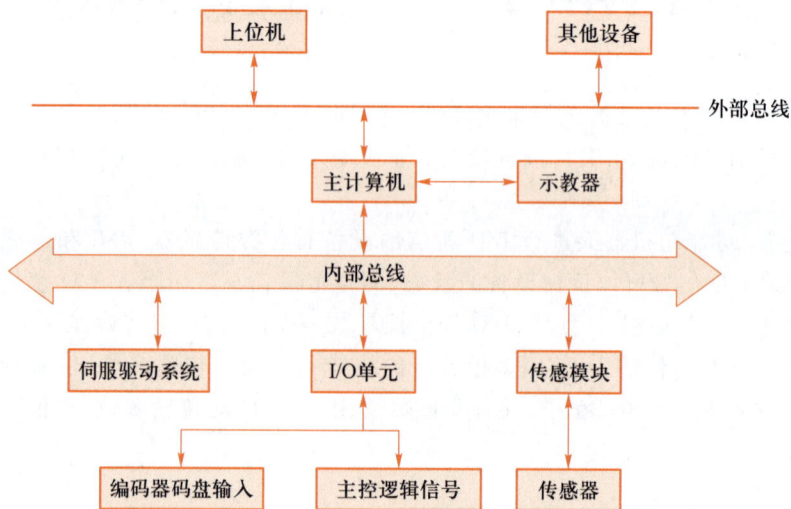

图 6-37　工业机器人通信示意图

1. 什么是总线

总线是各种功能部件之间传送信息的公共通信干线,它是由导线组成的传输线束。按照计算机所传输的信息种类,计算机的总线可以划分为下列类型。

1）数据总线(DB):数据总线是双向三态(0,1,或非 0 非 1)形式的总线,即它既可以把控制器 CPU 的数据传送到存储器或输入输出接口等其他部件,也可以将其他部件的数据传送到 CPU。数据总线的位数是微型计算机的一个重要指标,通常与微处理的字长相一致。人们常说的 32 位、64 位计算机指的就是数据总线的位数。

2）地址总线(AB):地址总线是专门用来传送地址的,由于地址只能从 CPU 传向外部存储器或 I/O 端口,所以地址总线总是单向三态的,这与数据总线不同。地址总线的位数决定了 CPU 可直接寻址的内存空间大小。

3）控制总线(CB):控制总线主要用来传送控制信号和时序信号。控制总线的传送方向由具体控制信号而定,一般是双向的,控制总线的位数要根据系统的实际控制需要而定。其实数据总线和控制总线可以共用。

2. 工业机器人常用的总线通信协议

协议一词最初用来表示"外交礼仪""条约"等。由此可知,通信协议也就是指为进行数据通信而事先确定的章程。

通信协议由表示信息结构的格式和信息交换的进程组成。格式规定了数据为何种类型、如何排列,进程则规定了数据以怎样的步骤和流向来实现信息交流。数据通信时,为了保证双方能够正确地收发信息,应该遵循相同的通信协议。

如果不同厂家和种类的设备之间采用不同的通信协议,将它们连接在一起的网络将无法进行数据通信。为了保证彼此相连的不同设备之间能够进行数据通信,设备间就应当使用相同的通信协议。

随着计算机、通信及控制技术的不断发展,很多的控制设备都是以网络的形式来连接,网络具备的通信功能可实现远距离的参数设置及相应的控制功能等。20 世纪 80 年代以来,随着控制技术的全面进步,伺服控制已进入了高速、高精度控制的阶段。但是目前还没有专用于机器人控制系统的通信总线,当前大部分通信总线技术可以归纳为两类:串行总线技术和实时工业以太网总线技术。在构建机器人系统时会根据系统的特点使用一些常用的总线协议,比如 DeviceNet、PROFINET、PROFIBUS、Ethernet/IP、EtherCAT 等。下面将对这些常用通信总线技术及协议的应用及特点做出说明。

(1) DeviceNet 总线

DeviceNet 是 20 世纪 90 年代中期发展起来的一种基于 CAN(Controller Area Network)技术的开放型、符合全球工业标准的低成本、高性能的通信网络,最初由美国 Rockwell 公司开发应用。常见的 ABB 机器人控制器内部总线使用的就是 DeviceNet。DeviceNet 的许多特性沿袭于 CAN,是一种串行总线技术。它能够将工业设备(如限位开关、光电传感器、阀组、电动机驱动器、过程传感器、条形码读取器、变频驱动器、面板显示器和操作员接口等)连接到网络,从而消除了昂贵的硬接线成本。这种直接互连改善了设备间的通信成本,并同时提供了相当重要的设备级诊断功能,这是通过硬接线 I/O 接口很难实现的。

DeviceNet 的规范和协议都是开放的,将设备连接到系统时,无须为硬件、软件或授权付费。任何对 DeviceNet 技术感兴趣的组织或个人都可以从开放式 DeviceNet 供货商协会(ODVA)获得 DeviceNet 规范,并可以加入 ODVA,参加对 DeviceNet 规范进行增补的技术工作组。

DeviceNet 的主要特点是:短帧传输,每帧的最大数据为 8 B;无破坏性的逐位仲裁技术(当两个或者以上的不同 ID 节点"同时"向总线发送数据时候,优先级最高的就能直接发送,优先级低的就自动退回,等待空闲时候再向总线发送数据,所以对于优先级最高的节点来说"发送时间"就是无破坏的);网络最多可连接 64 个节点;数据传输速率为 128 kbit/s、256 kbit/s、512 kbit/s;点对点、多主或主/从通信方式;采用 CAN 的物理和数据链路层规约。

(2) PROFIBUS

PROFIBUS 是一个用在自动化技术领域的现场总线标准,在 1987 年由德国西门子公司等十四家公司及五个研究机构所推动制定,PROFIBUS 是程序总线网络(PROcess FIeld BUS)的简称。PROFIBUS 和用在工业以太网的 PROFINET 是两种不同的通信协议。

目前的 PROFIBUS 可分为两种,分别是广泛使用的 PROFIBUS DP 和用于过程控制的 PROFIBUS PA。

1) PROFIBUS DP(Decentralized Peripherals,分布式外围设备)应用在工厂自动化中,可以由中央控制器控制许多的传感器及执行器,也可以利用标准或选用的诊断机制得知各模块的状态。

2) PROFIBUS PA(Process Automation,过程控制自动化)应用在过程自动化系统中,由过程控制系统监控量测设备控制,是本质安全的通信协议,可适用于防爆区域。其物理层(线缆)允许由通信缆线提供电源给现场设备,即使在有故障时也可限制电流,避免制造可能导致爆炸的情形。

PROFIBUS PA 使用的通信协议和 PROFIBUS DP 相同,只要有转换设备就可以和 PROFIBUS DP 网络连接,由速率较快的 PROFIBUS DP 作为网络主干,将信号传递给控制器。在一些需要同时处理自动化及过程控制的应用中就可以同时使用 PROFIBUS DP 和 PROFIBUS PA。

PROFIBUS 作为业界应用最广泛的现场总线技术,除具有一般总线的优点外还有自身的特点,具体表现如下:

1) 最大传输信息长度为 255 B,最大数据长度为 244 B,典型长度为 120 B。

2) 网络拓扑为线形、树形或总线型,两端带有有源的总线终端电阻。

3) 传输速率取决于网络拓扑和总线长度,从 9.6 kbit/s 到 12 Mbit/s 不等。

4) 站点数取决于信号特性,如对屏蔽双绞线,每段为 32 个站点(无转发器),最多 127 个站点带转发器。

5) 传输介质为屏蔽/非屏蔽双绞线或光纤。

6) 当用双绞线时,传输距离最长可达 9.6 km,用光纤时,最大传输长度为 90 km。

7) 传输技术为 DP 和 FMS 的 RS-485 传输、PA 的 IEC-6158-2 传输和光纤传输。

8) 采用单一的总线方位协议,包括主站之间的令牌传递与从站之间的主从方式。

9) 数据传输服务包括循环和非循环两类。

PROFIBUS 总线接头如图 6-38 所示。

图 6-38　PROFIBUS 总线接头

（3）PROFINET

PROFINET 实时以太网是基于标准工业以太网技术提出的,使用了 TCP/IP 标准,可以满足现场总线和信息系统的集成,它充分满足了企业管理层和现场层通信的兼容性。PROFINET 的组成部分包括:分布式自动化、分散式现场设备、网络安装、统一的通信接口、现场总线集成等,其核心组成部分是分散式现场设备。为了完成各种控制对象的功能需求,PROFINET 中根据通信目的不同将通信方式划分为三种类型。

1）实时性要求不高的数据通过 TCP/UDP 在标准通道上发送,这样可以满足设备控制层与其他网络兼容互通的需求。

2）实时性较高的过程数据采用实时通道(Real-Time,RT)传输,PROFINET 中的实时通信通道的利用很大程度上减少了通信栈所用时间,缩短了过程数据传输的周期。

3）等时同步实时通信(Isochronous Real-Time,IRT),它的时钟速率为 1 ms,抖动精度为 1 μs,主要用于有较高时间同步要求的场合,例如运动控制。

PROFINET 和 PROFIBUS 都是 PNO 组织推出的现场总线,但两者本身没有可比性。PROFINET 基于以太网,而 PROFIBUS 基于 RS-485 串行总线。两者协议上由于介质的不同而完全不同,没有任何关联。但两者也有相似的地方,例如都有很好的实时性,原因就在于都是用了精简的堆栈结构。基于标准以太网的任何开发都可以直接应用在 PROFINET 中,而世界上基于以太网的解决方案的开发者远远多于 PROFIBUS 的开发者,这也造成了 PROFINET 有更多可用的资源去创新技术。

（4）Ethernet/IP

Ethernet/IP 是由国际控制网络(CI)组织和开放设备网络供应商协会在工业以太网协会的协助下联合开发的,Ethernet/IP 将以太网协议与工业协议两者结合起来,是在标准以太网协议基础之上建立的。

基于标准以太网技术的 Ethernet/IP 具有以下优点:充分地利用了以太网技术,使设备兼容性增强;可以快速构建控制系统,组网方便快捷;通信快速且稳定,通信距离长,构建成本低廉。

（5）EtherCAT

EtherCAT(以太网控制自动化技术)是一个开放架构、以以太网为基础的现场总线系统,其名称的 CAT 为控制自动化技术(Control Automation Technology)字首的缩写。EtherCAT 是确定性的工业以太网,最早是由德国 Beckhoff 公司研发。EtherCAT 是国际现场总线标准的组成部分,在现场总线级的高速 I/O 控制和高速运动控制方面有突出的表现。新时达机器人控制柜中运动控制系统就采用了 EtherCAT 总线连接,如图 6-39 所示。

一般工业通信网络的各节点传送的资料长度不长,多半都比以太网帧的最小长度要小。而每个节点每次更新资料都要送出一个帧,造成带宽的利用率低,网络的整体性能也随之下降。EtherCAT 利用一种称为"飞速传输"(processing on the fly)的技术改善以上的问题。

在 EtherCAT 网络中,当资料帧通过 EtherCAT 节点时,节点会复制资料,再传送到下一个节点,同时识别对应此节点的资料,进行处理;若节点需要送出资料,也会在传送到下一个节点的资料中插入要送出的资料。每个节点接收及传送资料的时间少于 1 μs,一般而言只用一个帧的资料就可以供网络上所有的节点传送及接收资料。

图 6-39   EtherCAT 总线连接

EtherCAT 是一种直达 I/O 级的实时以太网,它已经被纳入 IEC 64784、IEC 61158 以及 ISO 15745-4 等国际标准。EtherCAT 突破了其他实时以太网的解决方案,它在以太网物理层做了改进,增加了实时通道传输数据。

自动化对通信的要求是:资料更新时间(或称为周期时间)较短,资料同步时的通信抖动量低,且硬件的成本低。EtherCAT 开发的目的就是让以太网可以运用在自动化应用中。

3. 总线通信接口

为了实施协调作业,工业机器人往往需要配备一些周边设备。但是此时简单的通信接口已经无法满足机器人系统协调作业的需要了,故而应该改用各种高速的通信接口装置。

(1)与外围设备的通信接口

1)与上位机的接口。工业机器人的上位机通常是 PC 或 PLC。起初,工业机器人一般都通过串行通信接口 RS-232C 与上位机相连,但近年来有的已经改用并行接口,甚至一部分机器人已经开始采用总线连接。工业机器人最近开始流行与网络相连接,因此与网络的通信显得极为重要,于是使用 Java 构建的机器人系统也开始得到普及,其结果是导致开放式机器人系统的推广。

2)与传感器的接口。工业机器人系统中少不了各种传感器,所以其控制系统中也少不了传感器接口。例如 ABB IRC5 Compact 控制器就集成了探寻停止、输送链跟踪、机器视觉系统和焊缝跟踪接口。开关继电器接口也是工业机器人常用的传感器接口。工业机器人传感器接口包括串行接口 RS-232C、并行的 AI/O 和 DI/O 接口,有的也采用了总线接口。

(2)控制器通信接口实例

图 6-40 所示为 ABB 机器人 IRC5 Compact 控制器通信接口。

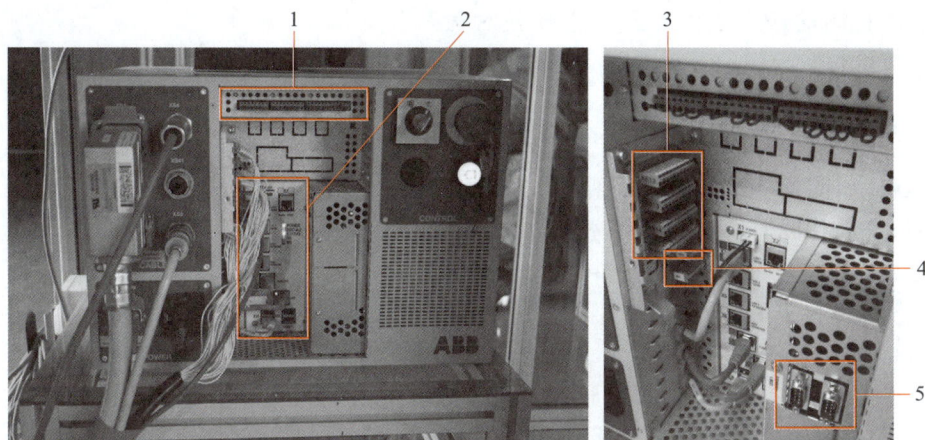

图 6-40　ABB 机器人 IRC5 Compact 控制器通信接口

1—安全保护模块接口;2—以太网接口;3—I/O 模块接口;4—DeviceNet 总线接口;5—串行接口

6.4　人机交互与安全保护机制

6.4.1　示教器

在工业机器人的使用过程中,为了方便地控制工业机器人,并对工业机器人进行现场编程调试,工业机器人厂商一般都会配有自己品牌的手持编程器,即示教器。作为用户与工业机器人之间的人机交互工具,示教器与控制系统通过串行总线通信。图 6-41 所示为典型示教器。

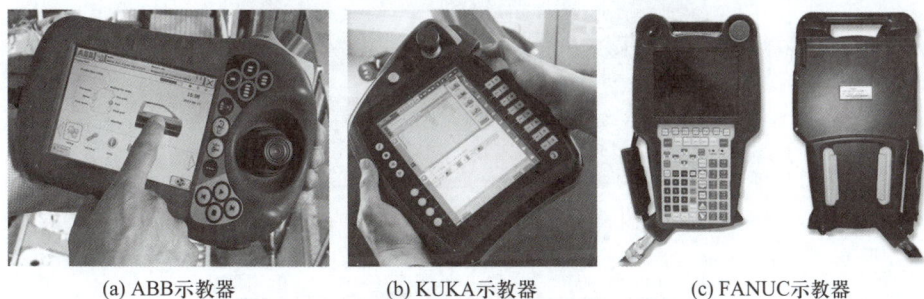

(a) ABB示教器　　　(b) KUKA示教器　　　(c) FANUC示教器

图 6-41　典型示教器

图 6-42 所示为示教器的结构,示教器一般具有手动操纵机器人运动、程序编写、程序调试、显示运行状态等功能。

6.4.2　安全保护机制

工业机器人的安全保护机制,是在机器人运行出现问题或有可能出现问题时,由紧急停止装置的状态变化所触发的强行停机动作。在不同厂商的工业机器人控制系统硬件中,都设置了专门负责安全逻辑判断的安全保护模块。安全

微课
示教器的使用方法

PPT
工业机器人的安全防护停止机制

保护机制的作用是由紧急停止装置的状态和安全保护模块的运算共同实现的。

1. 安全保护模块

ABB 机器人的安全保护模块称为安全面板，如图 6-43 所示，当控制柜正常工作时，安全面板上所有指示灯亮起，紧急停止按钮状态信号等安全保护机制触发信号从此处接入。库卡机器人的安全保护模块叫安全接口板，如图 6-44 所示。

安全保护模块一般具有如下功能：

1）电源控制功能。检测到控制电源输入后自动输出到控制器、伺服控制系统、风扇、示教器，实现控制器回路供电控制；检测系统一切正常后输出信号控制接触器闭合，主电导通，伺服控制系统上主电。

2）快速停止控制功能。手动模式下，用力按下使能键从而使三位使能开关触发，用于快速停止工业机器人。

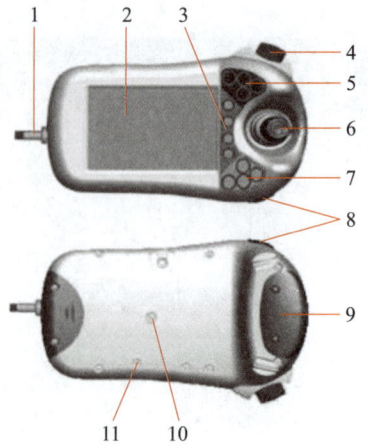

图 6-42   示教器的结构

1—示教器线缆；2—触摸屏；
3—机器人手动运行的快捷按钮；
4—紧急停止按钮；5—可编程按键；
6—手动操纵杆；7—程序调试控制按钮；
8—数据备份用 USB 接口；9—使能器按钮；
10—示教器复位按钮；11—触摸屏用笔

图 6-43   ABB 机器人的安全面板

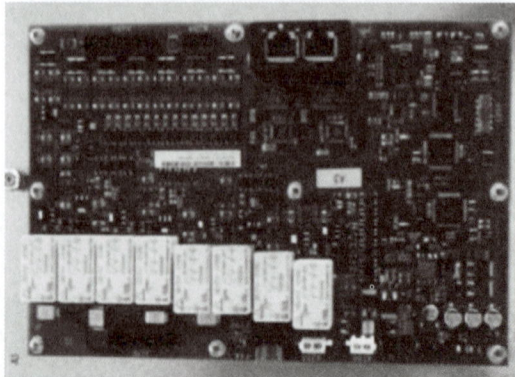

图 6-44   库卡机器人安全接口板

3）安全转矩关断控制。紧急情况下（如紧急停止按钮被按下），安全回路断开，控制系统使能立即断开，触发紧急停止。

2. 紧急停止装置

紧急停止优先于任何其他工业机器人的控制操作，它会断开工业机器人电动机的驱动电源，停止所有运转部件，并切断工业机器人运动控制系统及存在潜在危险的功能部件的电源。每个可能引发工业机器人运动或其他可能带来危险情况的工位上都必须装配紧急停止装置。必要情况下，需安装外部紧急停止装置，以确保机器人控制系统内急停按钮失效的情况下也有紧急停止装置可供使用。紧急停止装置一般包括紧急停止按钮、安全门开关、安全光栅等。

（1）紧急停止按钮

工业机器人的紧急停止按钮一般设置于控制器的操作面板上或示教器上，图 6-45 所示为几种工业机器人的紧急停止按钮。

(a) ABB控制器上的紧急停止按钮 (b) ABB示教器上的紧急停止按钮

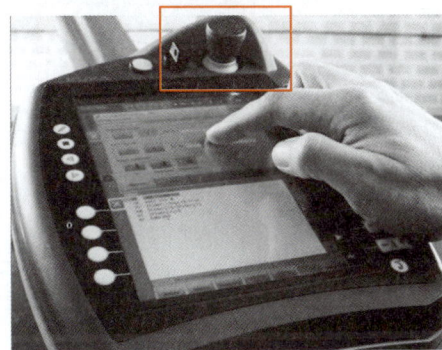

(c) KUKA示教器上的紧急停止按钮 (d) FANUC控制器和示教器上的紧急停止按钮

图 6-45　几种工业机器人的紧急停止按钮

（2）安全门开关和安全光栅

为了保护操作者的人身安全，工业机器人系统需配备物理隔离防护装置，如安全光栅和安全门开关等，这些装置一般与三色报警灯（见图 6-46）联合使用。安全光栅和安全门开关都是传感器，安全光栅可以探测危险区域内是否有障碍物，并将信号传输给三色报警灯，安全门开关可检测安全门是否关闭，并将信号传输给三色报警灯，三色报警灯可根据信号做出相应显示，提示工作站当前的工作状态。出现黄灯闪烁，示意操作人员应注意安全，一般为等待状态；出现绿灯闪烁，示意系统运行正常；当运行中检测到有人进入工作站或危险区域时,机器人会紧急停止,同时三色报警器会出现红灯闪烁,以保护操作人员的人身安全。下面对安全门和安全光栅进行介绍。

1)安全光栅。安全光栅又名光电保护器、安全光幕、光电保护装置等,如图 6-47 所示,在工业机器人系统中安装安全光栅,可实现当操作者进入安全光栅内部区域时报警或者与工业机器人的安全保护电路互锁,从而保护人身安全。

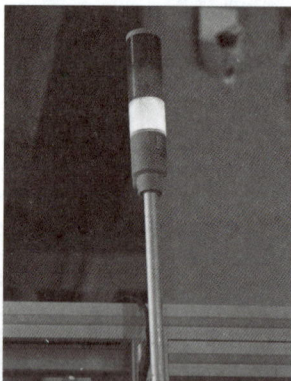

图 6-46   三色警报灯   图 6-47   安全光栅

当安全光栅的保护区域内没有遮挡物时,光栅的传感器可以发出安全信号给机器人控制器,机器人可以正常运行。当如图 6-48 所示安全光栅简化模型的保护区域内有遮挡物时,光线被阻挡,光栅的传感器将发出信号给机器人控制器,机器人停止运行。

2)安全门开关。安全门开关是用于检测门开闭状态的开关,主要应用于安全生产场合,常用安全门开关如图 6-49 所示。

图 6-48   安全光栅简化模型

图 6-50 所示工业机器人工作站使用安全防护栏和安全防护门将主要设备与人实现物理隔离,保证作业时的安全性,安全防护门开关可检测到安全防护门是否关闭。需关闭安全防护门,三色报警灯的绿灯亮起,工业机器人才可进行自动运行,以保护操作者的人身安全。

图 6-49　安全门开关

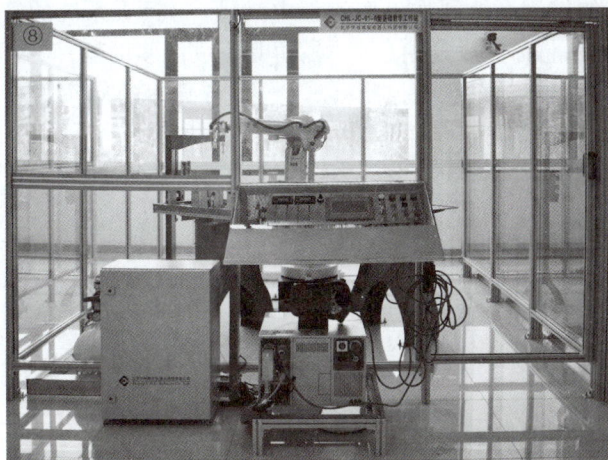

图 6-50　工业机器人工作站

思考与练习题

1. 填空题

（1）按照控制系统的硬件组成结构划分，机器人的控制系统一般分为_____、_____和_____。

（2）工业机器人的分层递阶控制结构四个层级由高到低分别为：_____、_____、_____和_____。

（3）一般通过_____、_____和_____三种方式对伺服电动机进行控制，实现传动系统的高精度定位，同时可以起到保护伺服电动机、防止其在过热、过载、过电流或欠电压的情况下损坏。

（4）基于不同平台的运动控制器主要有_____、_____、_____和_____。

（5）示教器一般具有_____、_____、_____和显示运行状态等功能。

2. 选择题

（1）一台计算机实现全部控制功能的控制方式称为（　　）；采用主、从两级处理器实现系统的全部控制功能的控制方式为（　　）；将控制系统按其控制性质和方式分成几个模块，每一个模块各负责不同的控制任务和控制策略，各模块之间可以是主从关系，也可以是平等关系的控制方式为（　　）。

A. 主从式控制   B. 分散式控制   C. 集中式控制

（2）（   ）的控制系统是不能或者很难与其他硬件和软件系统结合的独立系统。（   ）的控制系统具有模块化的结构和标准的接口协议，其用户和生产厂家可以很方便地对其硬件和软件结构集成外部传感器、开发控制算法和用户界面等。（   ）的控制系统结构是部分封闭、部分开放的。

A. 封闭型   B. 开放型   C. 混合型

（3）控制器内的（   ）相当于个人计算机的主机，包含系统板卡，用于存放系统和数据。

A. 控制面板   B. 伺服驱动器

C. 运动控制器   D. 主计算机

（4）典型的控制系统硬件工作流程中，（   ）负责系统的管理、任务的处理和人机交互等；将命令发送给（   ），由其完成由驱动器、伺服电动机和传感器组成的闭环伺服驱动系统的控制；（   ）执行具体的动作，（   ）将相关位置、速度和加速度等信息反馈给运动控制器。

A. 主计算机   B. 运动控制器

C. 执行机构   D. 传感器

3. 简答与分析题

（1）简述 DeviceNet 总线的特点。

（2）简述分层递阶控制结构的优势。

思考与练习题
答案

第7章 工业机器人语言与编程

思维导图

工业机器人语言与编程
- 编程方式
  - 在线示教编程
    - 拖动示教
    - 示教器示教
  - 离线编程
    - 离线编程系统
    - 离线编程步骤
    - 离线编程优势
    - 离线编程软件
- 工业机器人编程语言
  - 工业机器人编程语言的分类
    - 动作级
    - 对象级
    - 任务级
  - 常用工业机器人编程语言
    - RAPID语言
    - KRL语言

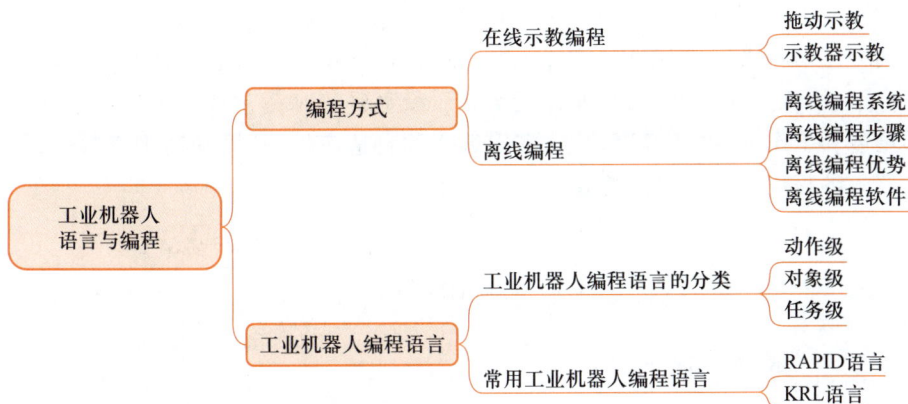

　　工业机器人编程语言如同工业机器人的"思维方式"，能够指导工业机器人工作。机器人运动和作业的指令都由程序控制。常见的编程方法是在线示教编程和离线编程。与常见的计算机程序一样，机器人程序具有结构简明、概念统一、容易扩展等特点。在2019年公布的《新职业—工业机器人系统操作员就业景气现状分析报告》中，明确指出程序编写是相关人员需要掌握的技能之一。

　　本章将从工业机器人编程方式以及工业机器人编程语言两方面来介绍工业机器人编程。通过本章的学习，可以对工业机器人编程方式有一定的了解，为进一步学习工业机器人编程与操作奠定基础。

7.1　编程方式

使用机器人进行作业时,操作人员必须预先对机器人发出指示,规定机器人完成动作和作业的具体内容,这个过程就称为对机器人的示教编程。编程的方式多种多样,图 7-1 所示为目前常见的几种示教编程方式。

当前工业机器人广泛应用于焊接、装配、搬运、喷涂及打磨等领域,任务的复杂程度不断增加,而用户对产品的质量、生产效率的追求越来越高。在这种形势下,机器人的编程方式、编程效率和质量显得越来越重要。降低示教编程的难度和工作量,提高编程效率,实现编程的自适应性,从而提高生产效率,是机器人编程技术发展的终极追求。

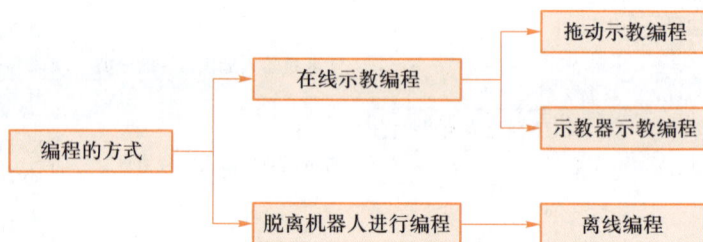

```
                                            ┌→ 拖动示教编程
                        ┌→ 在线示教编程 ──┤
        编程的方式 ──┤                   └→ 示教器示教编程
                        └→ 脱离机器人进行编程 ──→ 离线编程
```

图 7-1　编程的方式

7.1.1　在线示教编程

在线示教编程是一项成熟的技术,它是目前大多数工业机器人的编程方式。在线示教编程一般分为拖动示教和示教器示教两种方式。

1. 拖动示教编程

所谓拖动示教编程,就是人们通常所说的手把手示教,由人直接拖动机器人的手臂引导末端执行器经过所要求的位置,同时由传感器检测出工业机器人各个关节处的坐标值、力矩等,并由控制系统记录、存储下这些数据信息,如图 7-2 所示。拖动示教的方式有两种:一种是让机器人手臂处于自由状态,用人力直接拖动机器人的直接移动方式;另一种是预先准备一专门用来进行示教的手臂,操作这个手臂的手部,沿着预先设定的轨迹运动,同时把手臂在运动中的位置和姿态信息存储起来,根据存储的数据对机器人进行示教,如图 7-3 所示。

图 7-2　直接拖动示教编程

2. 示教器示教编程

示教器示教编程是人工利用示教器上具有各种功能的按钮来驱动工业机器人的各关节轴,按作业所需要的顺序单轴运动或多关节协调运动到达目标点位,从而完成运动动作和通信等功能的示教编程,如图 7-4 所示为作业员通过示教器操纵机器人动作。

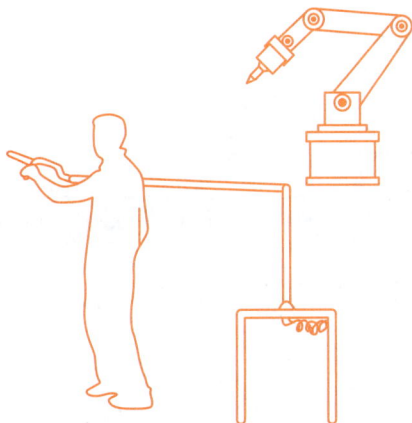

图 7-3　间接拖动示教编程　　　图 7-4　作业员通过示教器操纵机器人动作

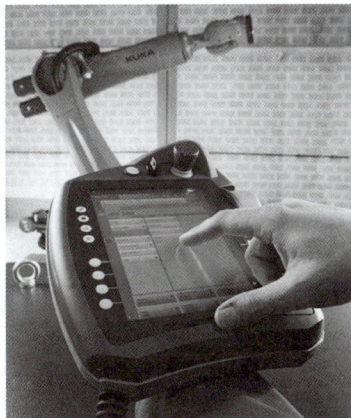

示教器示教具有在线示教的优势,操作简便直观,当人们要控制机器人运动时,可以在示教器上直接设置机器人的点位信息、末端执行器的运动速度、运动路径(如直线、圆弧)、连续轨迹中的转弯区数据、运动依据的工件或工具坐标系等内容,这些指令都可以从示教器的指令库中直接调用选取。图 7-5 所示为示教器中插入的运动指令。

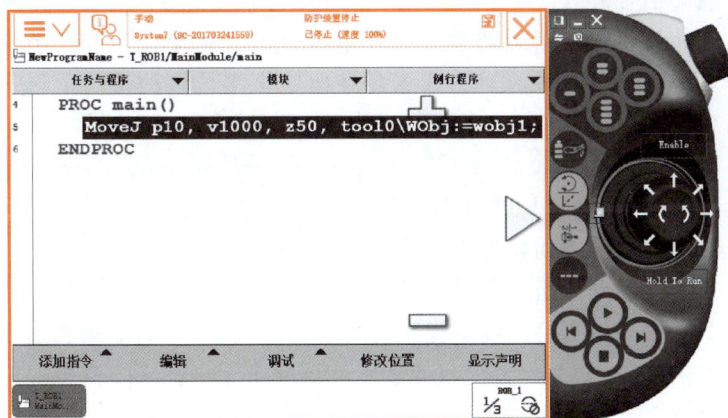

图 7-5　示教器中插入的运动指令

7.1.2　离线编程

不使用实际机器人,在专门的离线编程软件环境下,用专用或通用程序在脱离实际作业环境下生成示教数据的方法称为离线编程法。离线编程的程序通过离线编程软件的解释或编译产生目标程序代码,最后生成机器人路径规划数据。一些离线编程软件带有仿真功能,可以在不接触实际机器人工作环境的情况下,构建和机器人进行交互作用的虚拟环境。

1. 离线编程系统组成

离线编程系统主要由用户接口、机器人系统三维几何构型、运动学计算、轨迹规划、三维图形动态仿真、通信接口和误差校正等部分组成,其相互关系如图 7-6 所示。

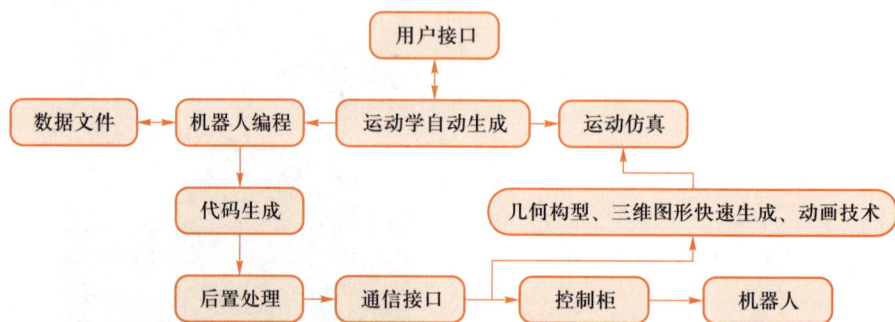

图 7-6　离线编程系统组成

（1）用户接口

离线编程系统提供的一个有效的人机界面,便于进行人工干预和进行系统的操作。

（2）机器人系统的三维几何构型

离线编程系统中的一个基本功能是利用图形扫描对机器人和工作单元进行仿真,这就要求对工作单元中的机器人所有的卡具、零件和刀具等进行三维实体几何构型。目前用于机器人系统三维几何构型的主要有以下三种方法:结构的立体几何表示、扫描变换表示、边界表示。

（3）运动学计算

运动学计算就是利用运动学方法在给出机器人运动参数和关节变量的情况下,计算出机器人的末端位姿,或者是在给定末端位姿的情况下计算出机器人的关节变量值。

（4）轨迹规划

在离线编程系统中,除需要对机器人的静态位置进行运动学计算之外,还需要对机器人的运动空间轨迹进行仿真。

（5）三维图形动态仿真

三维图形动态仿真是离线编程系统的重要组成部分,它能逼真地模拟机器人的实际工作过程,为编程者提供直观的可视图形,进而可以检验编程的正确性和合理性。

（6）通信接口

在离线编程系统中,通信接口是连接离线编程软件系统和机器人控制系统的桥梁。

（7）误差校正

离线编程系统中的仿真模型和实际的机器人模型之间存在误差。其原因主要是由于机器人结构上的误差、工序空间内难以准确确定物体(如机器人、工件等)的相对位置和离线编程系统的数字精度等。通过在离线编程软件中输入

PPT
离线编程的
特点及操作
流程

测量的真实加工现场的工具 TCP 点位信息以及工件校准功能，可以消除仿真模型和实际的机器人模型之间存在误差。

2. 离线编程的步骤

（1）搭建离线编程场景

离线编程的工作场景和真实生产过程的场景相似，它包含工业机器人、工具、需要加工的零件等，为了符合真实生产需要，可以将外部三维软件绘制的等比例缩放三维模型导入离线编程软件中。图 7-7 所示为工业机器人油盘涂胶离线编程环境搭建示例。

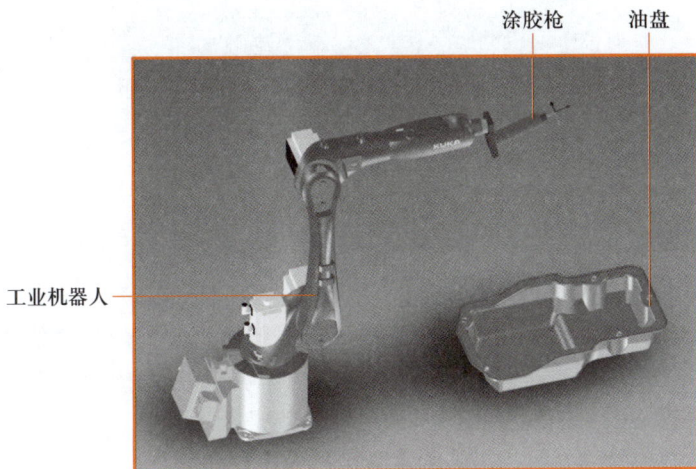

图 7-7　工业机器人油盘涂胶离线编程环境搭建示例

（2）工具和工件的位置校准

为了使离线环境中的工作场景和实际加工现场的真实点位信息对应起来，需要在离线软件中对工具、工件位置进行校准。图 7-8 所示为工具和工件位置调整后的机器人姿态及油盘位置。

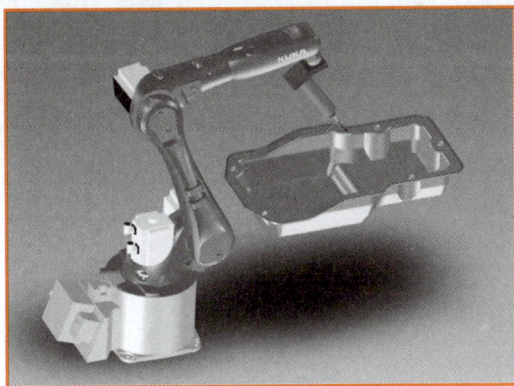

图 7-8　工具和工件位置调整后的机器人姿态及油盘位置

（3）机器人运动轨迹的规划及生成

考虑到机器人自身的运动范围以及合理的生产作业时间，需要为机器人进行合理的轨迹规划,轨迹规划完成后便可以生成机器人运动轨迹。图 7-9 所示为机器人涂胶轨迹。

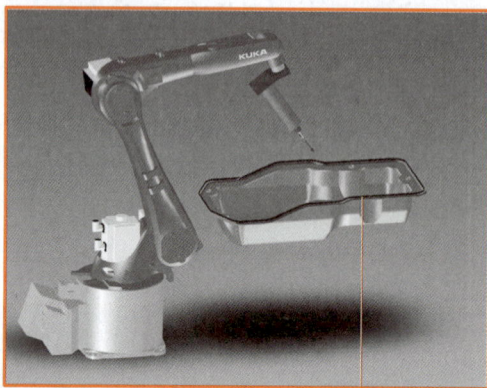

机器人运动轨迹

图 7-9   机器人涂胶轨迹

（4）虚拟仿真加工

在虚拟仿真加工过程中,软件系统根据执行仿真文件的程序代码,对任务规划和路径规划的结果进行三维图形动画仿真,模拟整个作业的完成情况。同时检查发生碰撞的可能性及机器人的运动轨迹是否可达且合理,为离线编程结果的可行性提供参考。图 7-10 所示为机器人虚拟仿真加工。

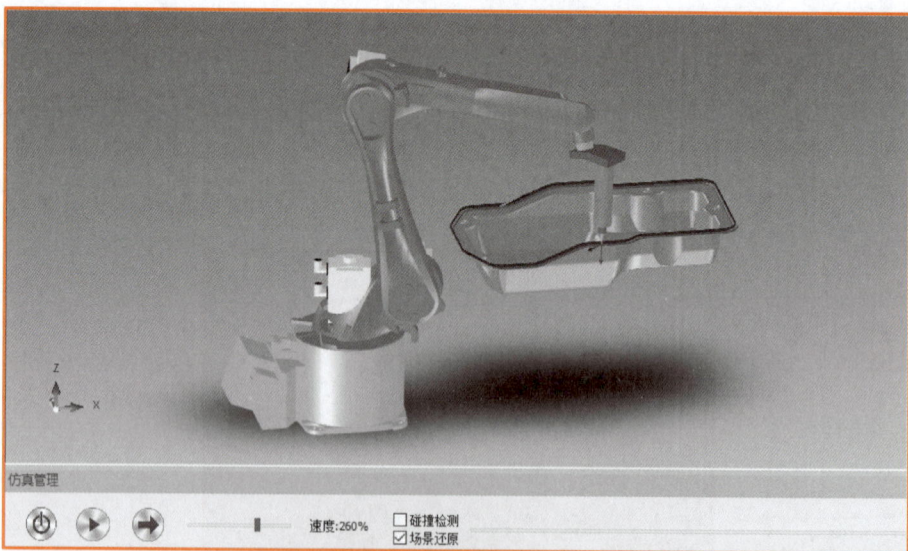

图 7-10   机器人虚拟仿真加工

（5）程序的后置处理

将编辑完的运动轨迹进行程序的后置处理,如图 7-11 所示。最后,可以将导出的程序导入真实机器人的示教器中。至此,一个完整的离线编程过程就完成了。

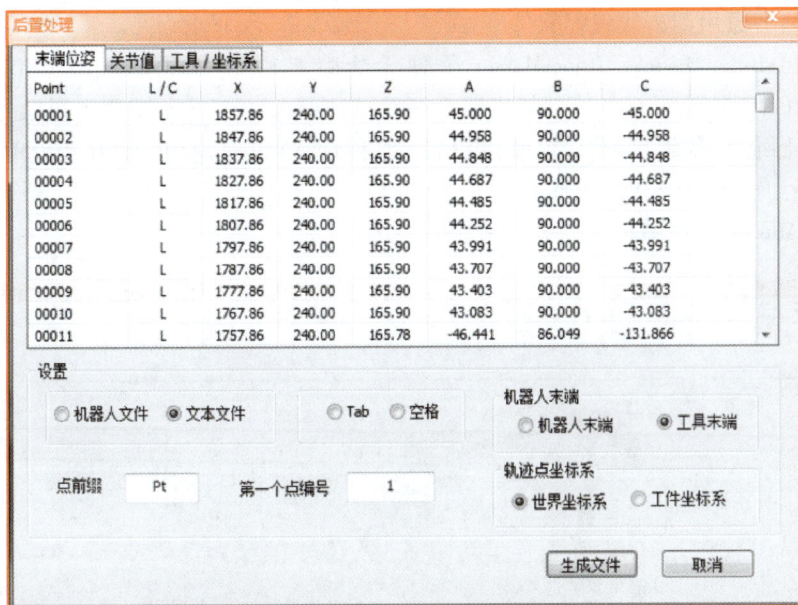

图 7-11　程序的后置处理

3. 离线编程的优势

目前,在国内外生产中应用的机器人系统大多为示教再现型,示教再现型机器人在实际生产应用中仍存在一些不足,与在线示教编程相比,离线编程具有如下优点:

1) 减少机器人停机时间。当对机器人下一个任务进行编程时,机器人仍可在生产线上工作,编程不占用机器人的工作时间。

2) 改善了编程环境,能使编程者远离危险的工作环境。

3) 离线编程系统使用范围广,可以对各种机器人进行编程,并能方便地实现优化编程。

4) 便于和计算机辅助设计/计算机辅助制造(CAD/CAM)系统结合使用,大大缩短产品验证和实际生产时间。

5) 可使用高级计算机编程语言对复杂任务进行编程。

6) 便于修改机器人程序。

4. 常用离线编程软件

通常所说的机器人离线编程软件,可以分为两类:

第一类是通用型离线编程软件,这类软件一般都由第三方软件公司负责开发和维护,不单独依托某一品牌机器人。换句话说,通用型离线编程软件可以支持多品牌机器人的轨迹编程、仿真和程序后置输出。这类软件的优缺点很明显,优点是支持的机器人品牌较多,通用性好,缺点是对某一品牌的机器人的支持力度不如专用型离线编程软件的支持力度高。

第二类是专用型离线编程软件,这类软件一般由机器人本体厂家自行或者委托第三方软件公司开发和维护。这类软件有一个特点,就是只支持本品牌的机器人仿真,编程和程序后置输出。由于开发人员可以拿到机器人底层数据通信接口,所以这类离线编程软件具有更强大和实用的功能,与机器人本体兼容性也更好。

（1）通用型离线编程软件

1）RobotMaster。RobotMaster 软件无缝隙架构于 Mastercam 系统（一种 CAD/CAM 软件）内,可以进行机器人编程,模拟和直接产生加工程序码,它支持市场上绝大多数机器人品牌,包括发那科（FANUC）、ABB、莫托曼（MOTO-MAN）、库卡（KUKA）、史陶比尔（STÄUBLI）、三菱（Mitsubishi）、珂玛、松下等。RobotMaster 离线编程软件的界面如图 7-12 所示。

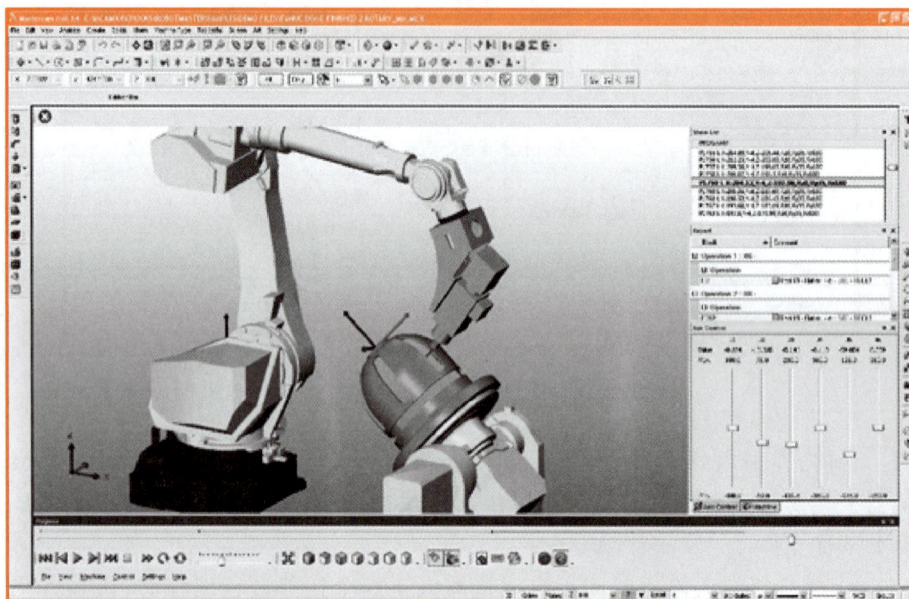

图 7-12　RobotMaster 离线编程软件的界面

RobotMaster 可以应用于激光切割、打磨、焊接、喷涂、研磨等领域,其优点是可以按照产品的模型生成程序。软件带有优化功能,运动学规划和碰撞检测非常精确,且支持外部轴（直线导轨系统、旋转系统等,见 8.2.1 节）和复合外部轴组合系统;其缺点是暂时不支持多台机器人同时虚拟仿真。

2）RobotWorks。RobotWorks 为集成在三维 CAD 软件 SolidWorks 中的机器人离线编程软件,它能够读取各种数据格式的三维模型,由于与 SolidWorks 进行了集成,RobotWorks 作为 SolidWorks 界面中的附加选项存在,如图 7-13 所示。其制作机器人控制程序的步骤非常简单,读入机器人模型和工作形态后,基本上只需 4 个步骤即可完成。

RobotWorks 可以生成 FANUC、安川、川崎、ABB、KUKA、STÄUBLI 等品牌机器人的程序,同时在 RobotWorks 中内置了上述品牌的机器人模型。

3）RoboMove。RoboMove 是 Qdesign 公司开发的机器人离线编程仿真软件,支持市面上大多数品牌的机器人,它能够利用传统 CAM 软件生成的运动路径生成机器人程序并进行机器人仿真,如图 7-14 所示。

RoboMove 同时带有工作空间检查、奇异性检查、碰撞检查、工作时间计算、离线示教等功能。它最多能够支持 6 个外部轴,既可以将机器人安装在导轨或转台上,也可以将工件安装在变位机上。RoboMove 已经在诸多工业领域成功应用。

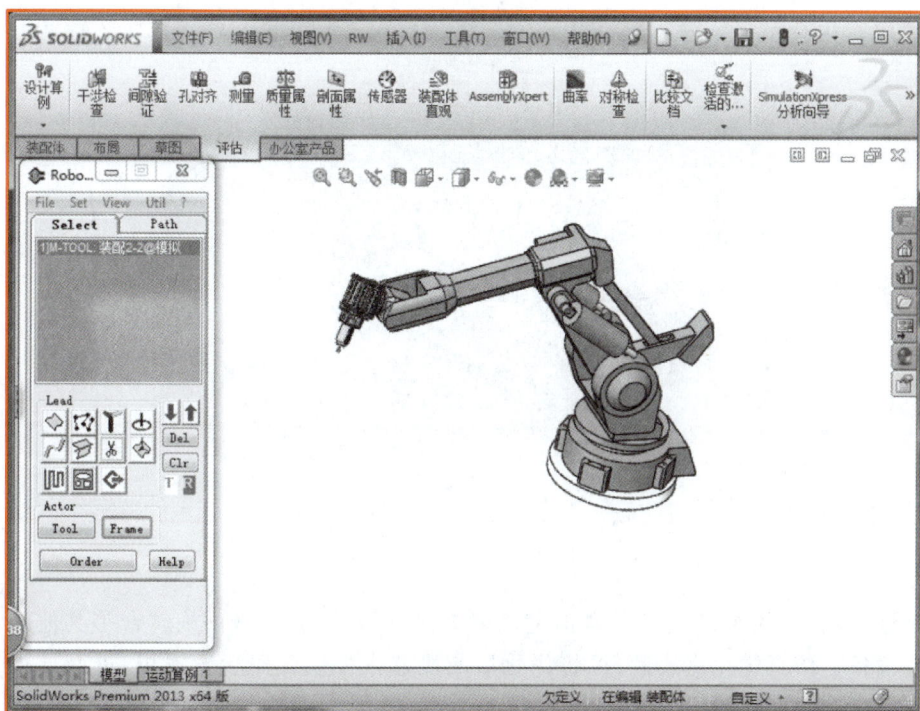

图 7-13 RobotWorks 离线编程软件的界面

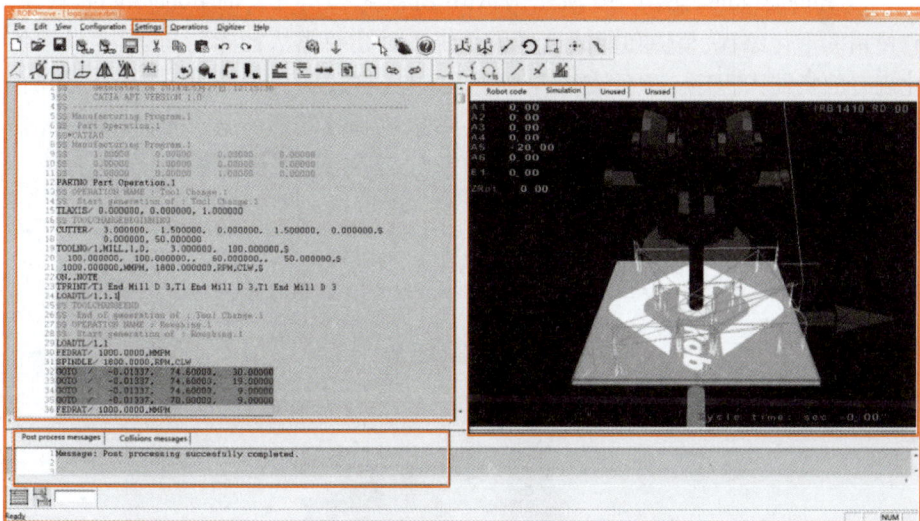

图 7-14 RoboMove 离线编程软件的界面

4）PQArt 工业机器人离线编程软件。PQArt 工业机器人离线编程软件是北京华航唯实机器人科技股份有限公司研发的工业机器人离线编程软件，它兼容了目前市面上所有主流的工业机器人品牌，图 7-15 所示为软件的界面。其利用计算机图形学，在计算机上建立机器人及其工作环境的模型，开发规划算法，通过对模型的控制和操作，对机器人进行轨迹规划，生成机器人控制程序。

PQArt 可以生成机器人运动轨迹或使用通用 CAD/CAM 系统（如 CATIA、MasterCAM 等）生成的 G 代码或 APT 代码作为加工轨迹。获取轨迹之后，PQArt 进行运动仿真、碰撞检查、代码优化等操作，以校验出机器人加工的正确性和可

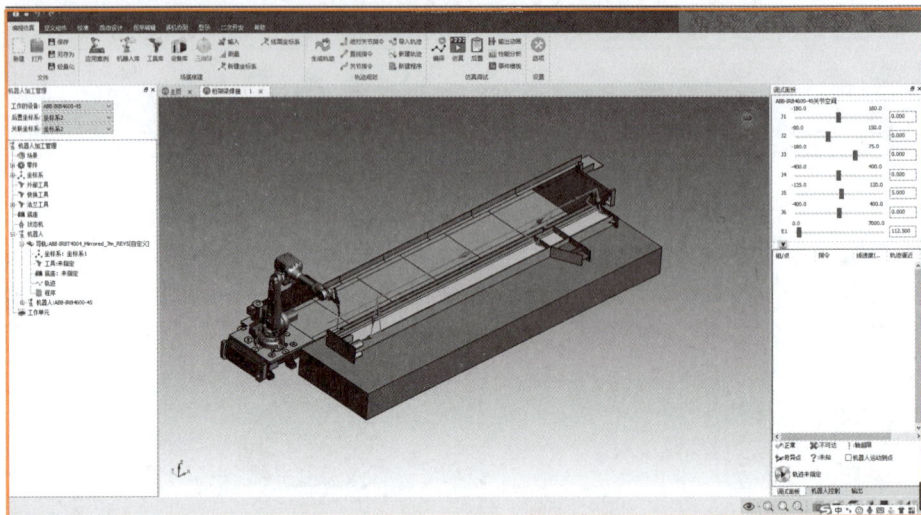

图 7-15　PQArt 离线编程软件的界面

达性。同时,该系统还可以自由定义末端执行器、工装、导轨、旋转台等其他外围设备。仿真优化完成后,可将优化后的机器人控制代码后置输出,进而导入机器人,进行实际加工。

（2）专用型离线编程软件

1）RobotStudio。图 7-16 所示为 ABB 机器人公司开发的 RobotStudio 软件,它使用图形化编程、编辑和调试机器人系统来创建机器人的运行轨迹,并模拟优化现有的机器人程序。软件支持各种主流 CAD 格式的三维数据,且具有路径自动跟踪、离线程序编辑、路径优化、可达性分析、碰撞检测等功能。机器人程序不需要进行任何转换便可被直接下载到实际机器人系统中使用,编程效率大大提升。

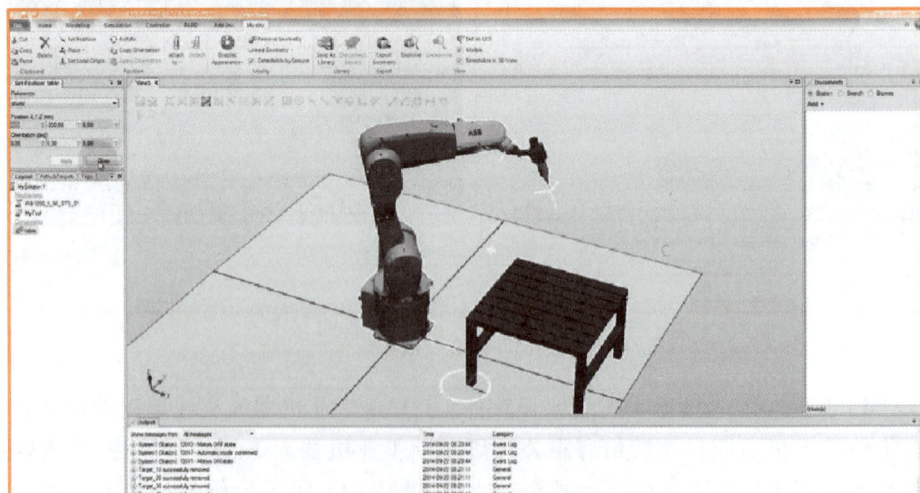

图 7-16　RobotStudio 离线编程软件的界面

2）KUKA Sim Pro。KUKA Sim Pro 是一款专为使用库卡机器人设备设计的离线编程仿真软件,用于建立三维布局,可进行离线编程、模拟仿真和检查各种布局设计和方案,如图 7-17 所示。

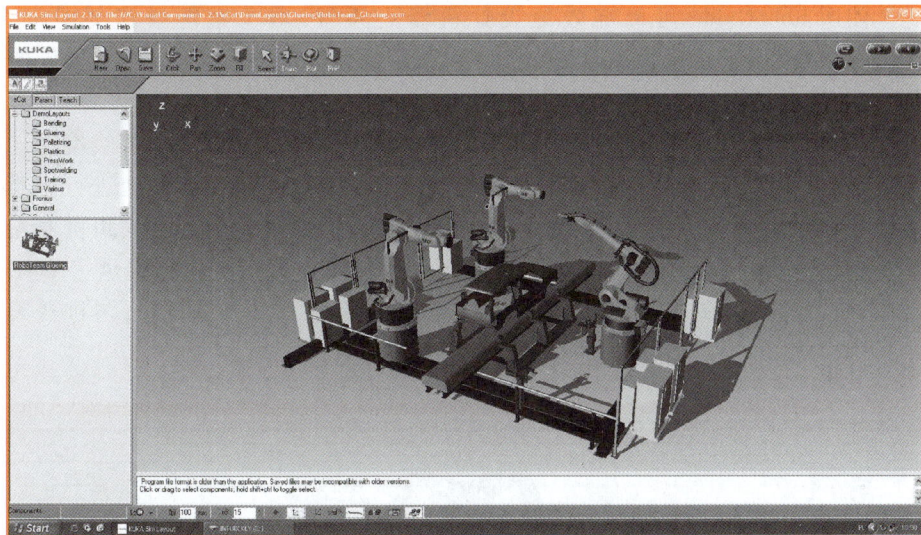

图 7-17   KUKA Sim Pro 离线编程软件的界面

KUKA Sim Pro 软件支持多种 CAD 格式模型导入、借助库卡虚拟机器人控制系统 KUKA. OfficeLite 直接编写机器人程序,可以省去离线编程软件程序后置处理的步骤。在现场生成的机器人程序可导入 KUKA. OfficeLite,这样就可以在 KUKA. Sim Pro 中验看程序。KUKA. Sim Pro 实时与库卡虚拟控制系统 KUKA. OfficeLite 连接。该软件与真正在库卡机器人控制系统上运行的软件几乎完全相同。

3) RoboGuide。RoboGuide 是一款支持 FANUC 机器人系统布局设计和动作模拟仿真的软件,它可以进行系统方案的布局设计、机器人行程可达性分析和碰撞检测,还能够自动生成机器人的离线程序、进行机器人故障的诊断和程序的优化等,如图 7-18 所示。

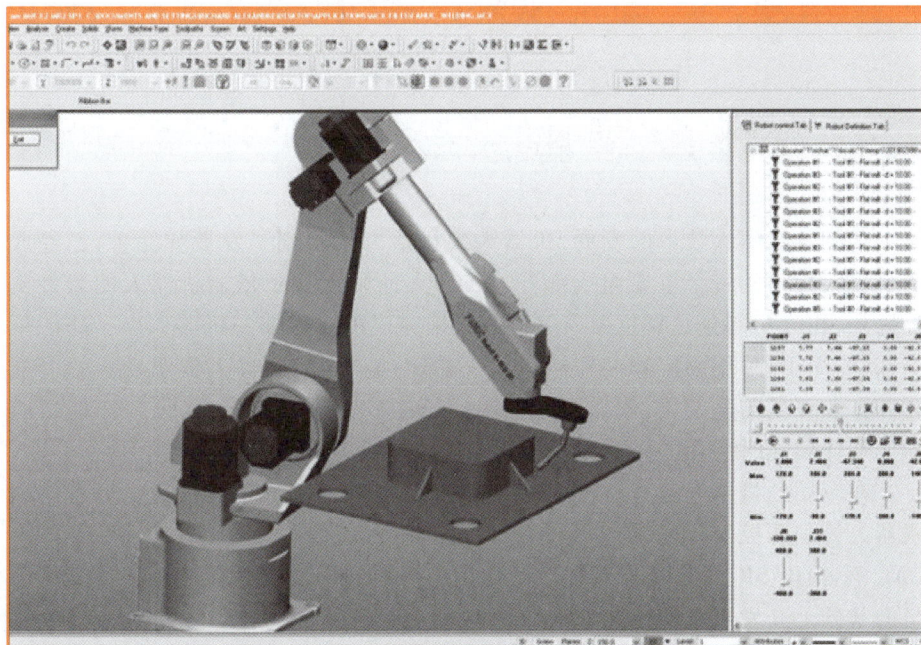

图 7-18   RoboGuide 离线编程软件的界面

使用 RoboGuide 可以高效地设计机器人系统,减少系统搭建的时间。RoboGuide 提供了便捷的功能支持程序和布局的设计,在不使用真实机器人的情况下,可以较容易地设计机器人系统。

4) MotoSIM EG。MOTOSIM EG 软件是 MOTOMAN 安川机器人离线编程计算机软件,如图 7-19 所示。使用 MOTOSIM EG 可在计算机上方便地进行机器人作业程序编制及模拟仿真演示。MOTOSIM EG 包含有绝大部分安川机器人现有机型的结构数据,因此可对多种机器人进行操作编程。它还提供了 CAD 功能,使用者可以在软件中自行构造出各种工件和工作站外围设备,与机器人一起构成机器人系统,模拟真实系统。

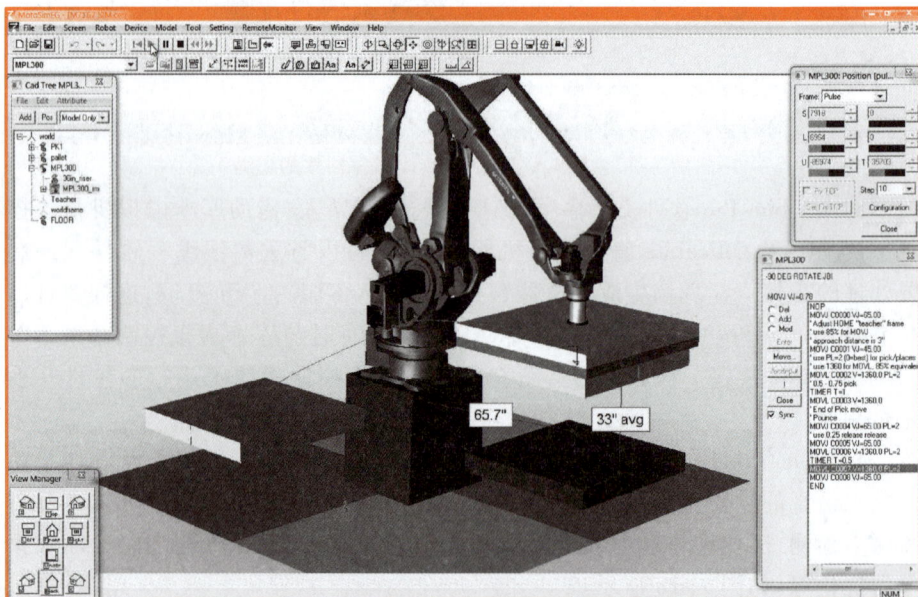

图 7-19　MOTOSIM EG 离线编程软件的界面

7.2　工业机器人编程语言

伴随着机器人技术的发展,机器人编程语言也得到了发展和完善,已经成为机器人技术的一个重要组成部分。机器人的功能除了依靠机器人的硬件支撑以外,相当一部分是靠机器人编程语言来完成的。早期的机器人由于功能单一,动作简单,采用固定程序控制机器人的运动。随着机器人作业动作的多样化和作业环境的复杂化,依靠固定的程序已经满足不了要求,必须依靠能适应作业和环境随时变化的机器人编程语言来完成机器人的程序设计。

在专用的机器人编程语言开发出来之前,人们使用通用的计算机语言编制机器人管理和控制程序,当时最常用的语言有汇编语言、FORTRAN 语言、PASCAL 语言、BASIC 语言等。现在广泛使用的机器人语言也是在通用的计算机语言的基础上开发出来的。

7.2.1　工业机器人编程语言的分类

机器人语言尽管有很多分类方法,但按照其作业描述水平的角度来看,机器人编程语言的水平可以分为动作级、对象级和任务级。

1. 动作级语言

动作级语言以机器人的运动作为描述中心,通常由使末端执行器从一个位置到另一个位置的一系列命令组成。动作级语言的每一个指令对应一个动作。

动作级语言的语句比较简单,易于编程;其缺点是不能进行复杂的数学运算,不能接收复杂的传感器信息,仅能接收传感器的开关信号,并且和其他计算机的通信能力很差。

2. 对象级语言

所谓对象,即作业及作业物体本身,它不需要描述机器人末端执行器的运动,只需由编程人员用程序的形式给出作业本身顺序过程的描述和环境模型的描述,即描述操作物体与作业物体之间的关系,通过编译程序机器人即可知道如何动作。这种语言的代表是 IBM 公司在 20 世纪 70 年代后期针对装配机器人开发出的 AUTOPASS 语言,对象级语言具有以下特点:

1)包含了动作级语言进行运动控制的功能。

2)能接收比开关信号复杂的传感器信号,并可利用传感器信号控制、监督、修改和更新环境模型。

3)能方便地和计算机的数据文件进行通信,数字计算功能强,可以进行浮点计算。

4)用户可以根据实际需要,扩展语言的功能,如增加指令。

3. 任务级语言

任务级语言是一种高级的机器人语言,这类语言允许使用者对工作任务所要求达到的目标直接下命令,而不需要规定机器人所做的每一个动作的细节。只要按某种原则给出最初的环境模型和最终工作状态,机器人可自动进行推理、计算,最后自动生成机器人的动作。

任务级语言的概念类似于人工智能中程序自动生成的概念,机器人能够边思考边工作。任务级机器人编程系统能把指定的工作任务翻译为执行该任务的程序并自动执行该任务,这种语言的结构十分复杂,需要人工智能的理论基础和大型知识库、数据库的支持,目前还不是十分完善,是一种理想状态下的语言,有待于进一步的研究。但可以相信,随着人工智能技术及数据库技术的不断发展,任务级编程语言必将取代其他语言而成为机器人语言的主流,使得机器人的编程应用变得十分简单。

7.2.2　常用工业机器人编程语言

人们常用的机器人编程语言都是商用机器人公司自己开发的针对用户的语言,每一个公司的语言都有自己的语法规则和语言形式,如 ABB 公司的 RAPID 语言、库卡公司的 KRL 语言等,用户可以使用示教器通过这些语言完成机器人的示教编程;虽然每个机器人的编程语言从表面上看是不同的,但是机器人程序的架构却有相似之处,一般都是按照图 7-20 的架构。

PPT
工业机器人编程语言的分类

PPT
常用工业机器人编程语言

1. RAPID 语言

RAPID 语言是 ABB 公司开发的一种英文编程语言,RAPID 语言类似于高级汇编语言,与 VB 和 C 语言结构相似。它所包含的指令可以操纵机器人运动、设置输出、读取输入,还能实现决策、重复指令、构造程序与系统操作人员交流等。ABB 机器人的应用程序是使用 RAPID 编程语言编写而成,RAPID 编程语言的基本架构见表 7-1。

下面介绍如何使用 RAPID 编程语言编辑如图 7-21 所示的一条简单的运动轨迹。

示教器中实现上述轨迹运行的程序如图 7-22 所示,程序行说明见表 7-2。

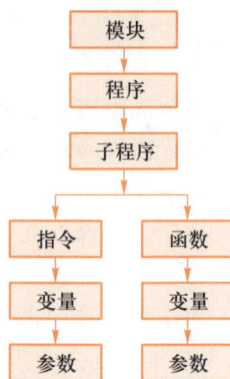

图 7-20　工业机器人程序的构架

表 7-1　RAPID 编程语言的基本架构

RAPID 程序			
主模块	程序模块 1	程序模块 2	系统模块
程序数据	程序数据	……	系统数据
主程序 main	例行程序	……	例行程序
例行程序	中断程序	……	中断程序
中断程序	函数程序	……	函数程序
函数程序		……	

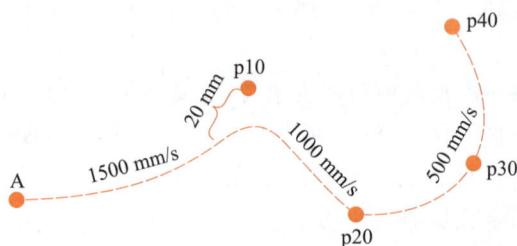

图 7-21　运动轨迹

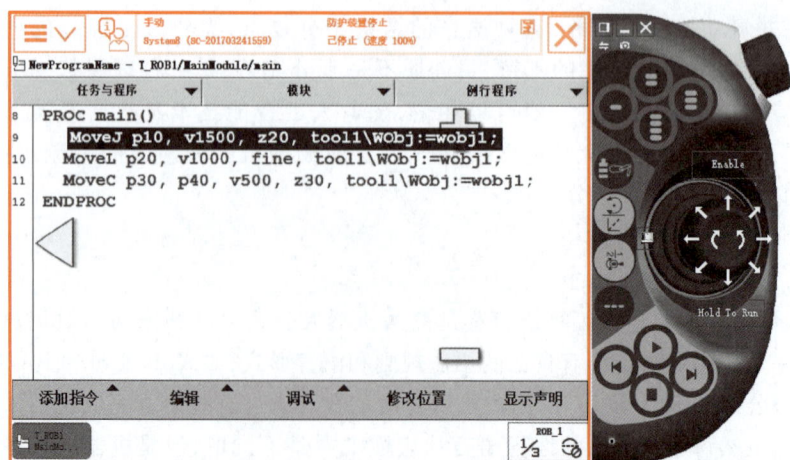

图 7-22　示教器中轨迹程序

表 7-2   程序行说明

行数	程序说明
8	主程序名称
9	机器人的末端工具从图示 A 点位置向 p10 点以 MoveJ(关节运动)方式前进,速度是 1 500 mm/s,转弯区数据是 20 mm(即距离 p10 点还有 20 mm 的时候开始转弯),使用的工具坐标数据是 tool1,工件坐标数据是 wobj1
10	机器人末端从 p10 向 p20 点以 MoveL(线性运动)方式前进,速度是 1 000 mm/s,转弯区数据是 fine(即在 p20 点速度降为零后进行后续运动),机器人动作有所停顿,使用的工具坐标数据是 tool1,工件坐标数据是 wobj1
11	机器人末端从 p20 以 MoveC(圆弧运动)方式前进,速度是 500 mm/s,向 p40 点移动。圆弧的曲率根据 p30 点的位置计算,使用的工具坐标数据是 tool1,工件坐标数据是 wobj1
12	程序结束

2. KRL 语言

KUKA 机器人编程语言(KRL)是一种类似 C 语言的文本型语言,它包含的指令的功能和 RAPID 语言类似,同样能够完成程序初始化、操纵机器人运动、设置输出、读取输入,构造程序等。KUKA 机器人的应用程序是使用 KRL 编程语言编写而成,一个完整的程序结构包括主程序、初始化程序、子程序。

下面介绍如何使用 KRL 编程语言编写如图 7-21 所示的运动轨迹。示教器中轨迹程序如图 7-23 所示,程序行说明见表 7-3。

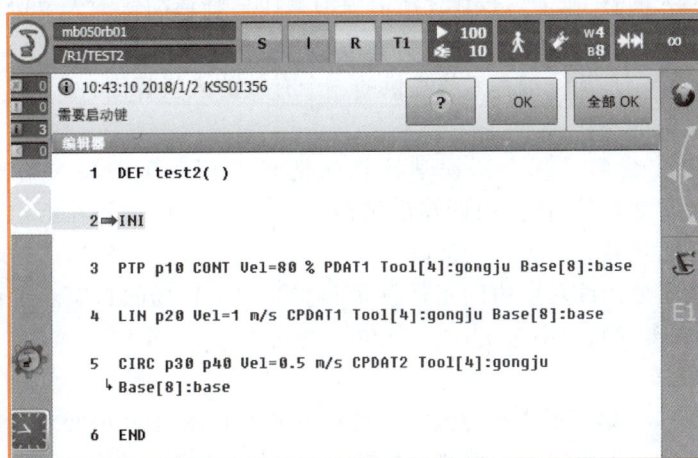

图 7-23   示教器中轨迹程序

表 7-3　程序行说明

行数	程序说明
1	程序名称
2	包含内部变量和参数初始化的内容
3	机器人的末端工具从图示 A 点位置向 p10 点以 PTP（点到点）的运动方式前进，速度是 80% 标准速度，CONT 是轨迹逼近功能，圆弧过渡距离 20 mm 可以在 PDAT1 中设置，使用的工具坐标系是 Tool［4］：gongju，工件坐标系是 Base［8］：base
4	机器人的末端工具从 p10 点向 p20 点以 LIN（直线）运动方式前进，速度是 1 m/s，使用的工具坐标系是 Tool［4］：gongju，工件坐标系是 Base［8］：base
5	机器人末端工具从 p20 以 CIRC（圆弧）运动方式前进，速度是 0.5 m/s，向 p40 点移动，p30 为中间辅助点位。使用的工具坐标系是 Tool［4］：gongju，工件坐标系是 Base［8］：base
6	程序结束

　　从 RAPID 语言和 KRL 语言的对比中可以看出，它们的语句功能非常相似。此外，其他工业机器人制造商也都有专用的编程语言，像 FANUC 的 Karel 编程语言、MOTOMAN 的 INFORM 编程语言等，也都大同小异。由此可以看出，要想学好常用的工业机器人编程语言，只要熟练掌握一种类型的语言，其他语言便能够触类旁通。

思考与练习题

1. 填空题

　　（1）在线示教编程一般分为_____和_____两种方式。

　　（2）示教器示教编程方式是人工利用_____上具有各种功能的按钮来驱动工业机器人的各_____，按作业所需要的顺序单轴运动或多关节协调运动到达_____，从而完成运动动作和通信等功能的示教编程。

　　（3）_____是离线编程系统提供的一个有效的人机界面，便于进行人工干预和进行系统的操作。

　　（4）离线编程系统中运动学计算就是利用运动学方法在给出机器人_____和关节变量的情况下，计算出机器人的_____，或者是在给定_____的情况下计算出机器人的关节变量值。

　　（5）为了使离线环境中的工作场景和实际加工现场的真实点位信息对应起来，需要在离线软件中对工具、工件位置进行_____。

2. 选择题

　　（1）（　　）语言是以机器人的运动作为描述中心，通常由使末端执行器从一个位置到另一个位置的一系列命令组成。

　　A. 离线编程　　　　B. 任务级　　　　C. 对象级　　　　D. 动作级

　　（2）IBM 公司在 70 年代后期针对装配机器人开发出的 AUTOPASS 语言，

属于(　　)语言。

    A. 离线编程　　　　B. 任务级　　　　C. 对象级　　　　D. 动作级

  (3)(　　)是 ABB 公司开发的一种英文编程语言。

    A. RAPID 语言　　　B. KRL 语言　　　C. C 语言　　　　D. VB

  (4)(　　),就是通常所说的"手把手"示教,由人直接拖动机器人的手臂,引导末端执行器经过所要求的位置,同时由传感器检测出工业机器人各个关节处的坐标值、力矩等,并由控制系统记录、存储下这些数据信息。

    A. 离线编程　　　B. 拖动示教　　　C. 在线示教　　　D. 示教器示教

  (5)离线编程系统中的一个基本功能是利用图形扫描对机器人和工作单元进行仿真,这就要求对工作单元中的机器人所有的卡具、零件和刀具等进行(　　)。

    A. 轨迹规划　　　　　　　　　B. 运动学计算

    C. 误差校正　　　　　　　　　D. 三维实体几何构型

3. 简答与分析题

  (1)简述离线编程的步骤。

  (2)简述离线编程的优势。

思考与练习题
答案

第8章　工业机器人的工业应用

思维导图

工业机器人的工业应用
- 生产一辆汽车
  - 冲压
    - 机器人拆垛码垛
    - 机器人上下料
  - 焊接
    - 点焊/弧焊/激光焊
    - 焊接质量检测
  - 涂胶
    - 机器人携带工件涂胶
    - 机器人携带工具涂胶
  - 装配
    - 机器人搬运
  - 新技术
    - MES
    - RFID
  - 喷漆
- 工业机器人集成系统
  - 工作站
    - 集成系统设计
      - 布局形式与人机性能
      - 工业机器人选型
      - 外部轴
      - 安全保护与环保
        - 安全保护装置
        - 传感器
        - 末端执行器
        - 输送装置
        - 工装夹具
      - 协同单元
      - 总控与通信
      - 经济性
  - 生产线
    - 多机器人协作系统
    - 平台化与柔性
- 未来工厂什么样?
  - 未来工厂的雏形
    - EWA
    - SEWC
  - 未来工厂中的搬运工
    - AGV
  - 未来工厂中的我们

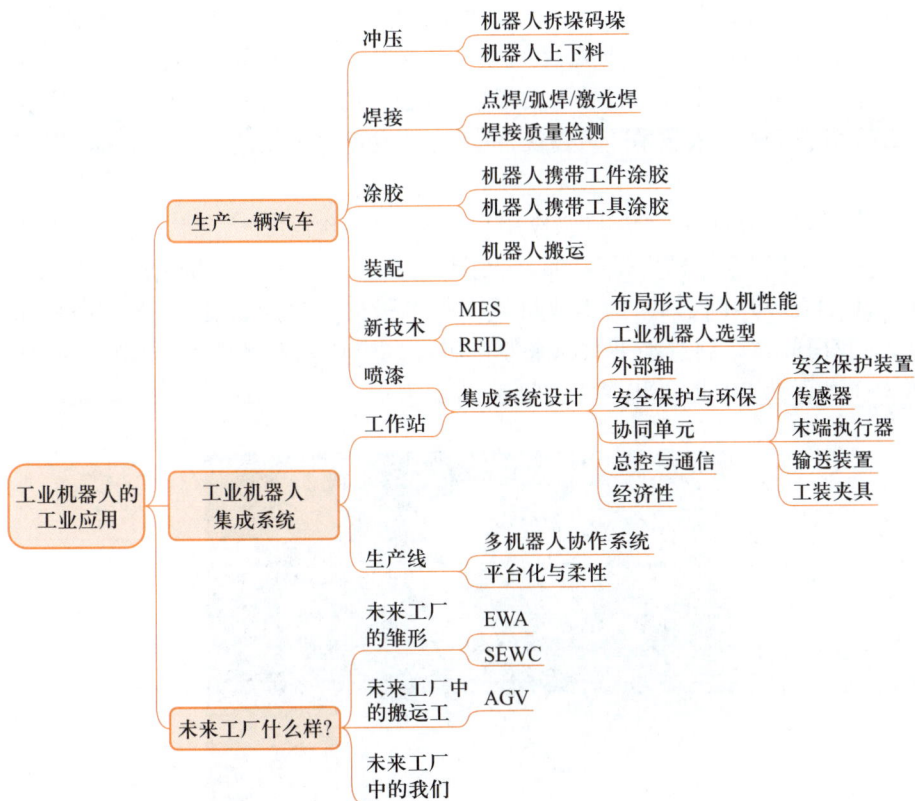

　　机器人可代替或协助人类完成多种工作,除了广泛应用于制造业,还应用于资源勘探开发、救灾排险、医疗服务、家庭娱乐、军事、航天等。工业机器人是先进制造不可缺少的自动化设备。

　　在本章中,为了促进读者对工业机器人在工业生产中的集成应用方式的理解,以汽车制造业中的工业机器人为例,展示工业机器人的实际应用场景,说明工业机器人集成系统的构成和要求。同时,以西门子智能工厂为例,构建未来工厂的形象,介绍智能制造阶段人机协作的各种可能性。

8.1   汽车制造行业中的工业机器人

8.1.1   从人工制车到机器造车

汽车制造行业是工业机器人应用最早、应用数量最多、应用技术最成熟的行业。其历史原因是,相比其他行业,汽车行业对产品质量、精度(包括加工和装配)的要求更高,需要高质量、大规模生产并减少人工重复劳动。汽车制造中的焊接和喷涂是最早应用机器人实现自动化的,随后在装配、搬运、监测等方面也逐步引进了机器人技术。可以说,汽车行业也反过来促进了工业机器人技术的发展。

我国对工业机器人的引进、应用和研发是从 20 世纪 80 年代开始的,其中一汽、红旗等汽车主机厂是我国最早引进工业机器人参与产品生产的一批企业。20 世纪 90 年代以来的工业机器人技术引进和生产设备、工艺装备的引进,使我国的汽车制造水平由原来的作坊式生产转变为规模化、规范化生产。图 8-1 所示为 20 世纪 80 年代的工业机器人。

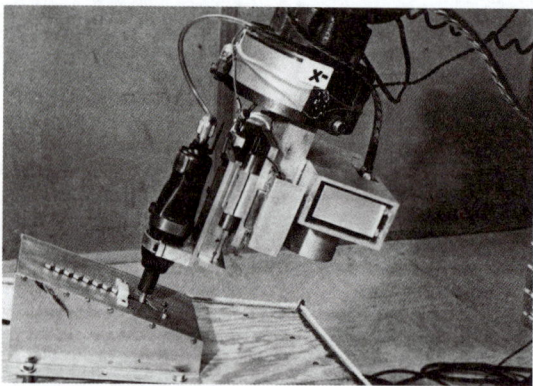

图 8-1   20 世纪 80 年代的工业机器人

随着合资品牌汽车生产线的不断引进,我国已经达到了年产 2 000 万台乘用车的生产能力。与几十年前相比,汽车产能增加了数百倍,但产业工人的数量却变化不大,足以说明以机器人为代表的自动化水平的提升,促进了汽车产业的发展。

目前,国内外工业机器人的行业应用情况大致相同,约 50% 的工业机器人被应用于在汽车相关行业。从国际机器人联合会的数据来看,截至 2021年底,全球汽车行业仍为工业机器人应用最多的领域,在日本、德国和美国等机器人应用较多的国家,汽车行业工业机器人数量是其他行业的 7 倍。2015年世界机器人大会上,有专家给出了一组数据:全球汽车行业产值是 8 650 亿美元,机器人和自动化技术在其中产生了 6 560 亿美元的价值。图 8-2 所示为 2015 年全球工业机器人应用行业分布。

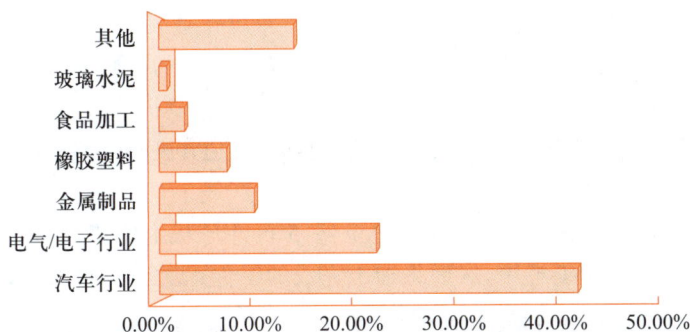
图 8-2 2015 年全球工业机器人应用行业分布

工业机器人作业对汽车制造过程的改善主要体现在：提升产能，大幅提高整车和零部件的质量和均一性，提高整车装配技术水平和质量，替代人工完成大量高强度、高污染及恶劣环境的工作，节省人工和管理成本，实现生产和供应链信息化智能化，提升企业总体效益等。接下来让我们从汽车制造的四大工艺过程——冲压、焊装、涂装和总装出发，去发现工业机器人是如何为汽车行业创造隐形价值（提升生产效率和加工准确性、减少人工成本等）的。

首先来简单了解一下，汽车生产车间是如何通过这四大工艺生产出汽车的。冲压车间的产品是形状各异的冲压件，这些冲压件经检测合格后被送往焊装车间。经过焊装，白车身（完成焊接但未涂装的车身结构）和车体的其他结构件（如车门、机盖）加工完成，并装配成为车身总成。此时人们所看到的零部件仍然是带有金属原色的样子。这些零部件接着被送往涂装车间，通过涂装给车子穿上能够防腐蚀、抗石击的涂层和五颜六色的漂亮外衣。之后在总装车间，对完成涂装的结构件组装成车体，并将发动机、变速箱、仪表和座椅等零部件安装在组装完成的完整车体上。调校、性能测试和质检合格后，一辆可以出厂的成品车就完成了。下面逐一了解这四大工艺的过程，以及工业机器人是如何参与其中的。

8.1.2 冲压车间中的工业机器人

冲压工艺是一种金属加工方法，冲压设备对原料（板材、带材、管材及其他型材）施加压力，利用模具形状，使板料产生塑性变形或分离，从而获得具有一定形状、尺寸和性能的冲压件。

在实施冲压之前，需要通过开卷、校平、粗剪等工序将不平整的板材预加工成适合冲压的板材原料，如图 8-3（a）所示。车身 70% 以上的零部件都是冲压件，每个工件都有着对应的模具。图 8-3（b）所示为典型的轿车机盖结构，它就是由板材在模具上冲压形成的，如图 8-3（c）所示。

PPT
冲压工艺及生产线

(a) 冲压板材　　　　(b) 轿车机盖　　　　(c) 冲压后的工件

图 8-3　冲压工艺

冲压动作的实施是通过冲压机实现的。冲压作业发生工伤事故的概率很高，再加上工件的运输又属于重物搬运，不少身强力壮的年轻工人都敬而远之。改善作业环境和提高生产率的措施之一，就是引入工业机器人。工业机器人在冲压车间的工作以搬运为主。目前，国内多数汽车主机厂陆续建立了自动化冲压生产线（见图 8-4）来实现冲压工艺。冲压生产线上的设备将平整的板料清洗并涂油后，根据工艺要求，先后运送至 4～5 台冲压机上完成剪板、下料、冲孔成型、拉伸等冲压加工工序，然后将加工完成的工件运送至检测工位进行检测。

图 8-4 手工和自动化冲压生产线

图 8-5 为典型冲压生产线的结构，生产线主要包括冲压机、输送链、清洗涂油设备和工业机器人。工业机器人主要完成板料的拆垛（见图 8-6）以及多个冲压机间的上下料（见图 8-7）。在给冲压机上料之前，需通过机器视觉系统对正工件位置，以保证冲压位置准确。经过质量检测环节之后，合格工件被码放保存。工件的码放有两种方式：人工拾料装箱和机器人搬运码垛。

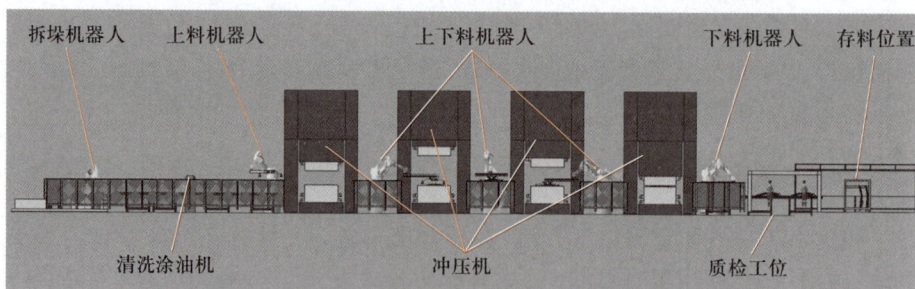

拆垛机器人　上料机器人　　上下料机器人　　下料机器人　存料位置

清洗涂油机　　　　　　冲压机　　　　　　质检工位

图 8-5 典型冲压生产线的组成

图 8-6 工业机器人拆垛

图 8-7　工业机器人下料

　　在冲压生产线中，工业机器人的操作替代了工件线上各工位间的人工搬运，且相关工序之间不需要再设置半成品存放区，减少了半成品流转之间的磕碰率，使车间现场更加井然有序。得益于冲压生产线的高度集成化，线上所有工位和操作面板可全部移至外部，操作人员在外围利用程序即可控制冲压的全过程。

8.1.3　焊装车间中的工业机器人

　　焊装车间是四大工艺车间中使用工业机器人最多的车间。焊装并不单单指某一种工艺，而是一个广义的概念，指的是将冲压成型的车身组件通过焊接（主要是点焊、弧焊）、涂胶、合装等工艺，组装成为车身总成的全过程。其中，焊接工艺的比重远大于其他工艺，焊装因此而得名。

　　一辆普通轿车车身上的焊点多达几千个，在一条生产线上一次性完成所有焊接工作并不现实。在实际生产中，通常将白车身划分为地板、顶盖、侧围等分总成，在多条生产线上分别对各分总成结构进行焊接，再焊接成为完整的白车身，如图 8-8 所示。然后，在车身装配线上将车门、机盖等开闭件装配到白车身上（也有的主机厂将安装开闭件工序设置在总装车间），经检测合格后焊装过程就完成了。

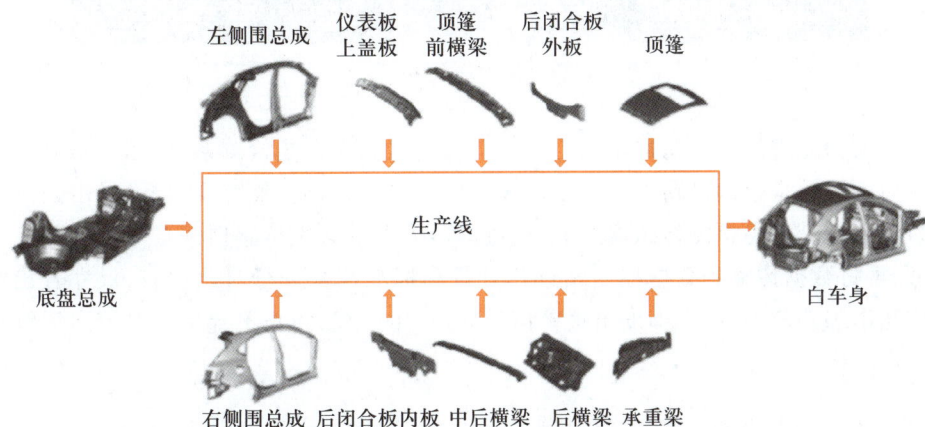

微课
同步变位焊
示例

图 8-8　白车身焊接

近年来,工业机器人由于其编程的灵活性、动作的准确性,越来越多地应用于焊装涂胶(折边胶、结构胶、减振胶等的涂布)、涂装涂胶(焊缝密封胶和抗石击涂料的涂布)及总装涂胶(玻璃涂胶)的工序中,图 8-9 为涂胶机器人与涂胶后的工件。

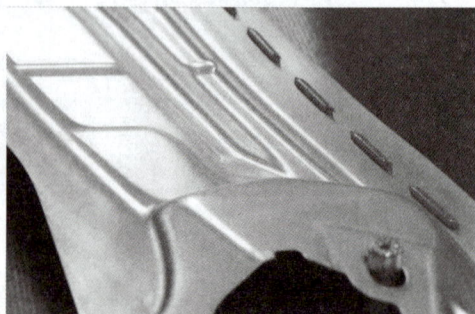

(a) 涂胶机器人   (b) 涂胶工件

图 8-9   涂胶机器人与涂胶后的工件

焊装车间中的焊接机器人更是随处可见。在畅销车型的焊装车间里,由于产能需求焊接机器人的数量会多达几百台。根据焊接结构规模的大小,焊接机器人可以多机协作(见图 8-10),也可以各自为战。

焊接生产线主要由焊接设备、工装夹具、输送装置、检测系统、安全保护装置等组成。焊接设备是实施焊接过程的主体,通常包含焊接机器人、焊接控制系统(点焊的焊钳伺服系统或弧焊的焊接电源控制系统/送丝系统)、变位装置、冷却系统(水冷或空冷)、清枪装置。

微课

机器人涂胶

图 8-10   焊接生产线示意

较为先进的汽车制造车间为焊接工艺辅以激光在线检测系统,用于检测焊接后的产品是否满足精度要求。图 8-11 所示为机器人激光检测系统,由四台机器人携带激光检测传感器组成,通过机器人上的激光传感器采集车身实际尺寸,再将数据传输到数据控制站进行分析和标准数据进行对照比较,尺寸若出现超出工艺范围,将立即发出报警信号,停止生产线,防止不合格车身流向后续生产工序。

8.1.4   涂装车间中的工业机器人

汽车涂装是对车身进行表面处理后,将不同性状的涂料依照一定的工序涂布到洁净的车身表面并干燥成涂层的过程,主要功能是防腐、保护和装饰。典型的涂装工艺流程如图 8-12 所示,主要作业一般为漆前处理、电泳、底涂(涂胶)、中涂和面漆等(也有的主机厂通过技术升级免去了中涂过程)。在涂装车间的底涂、中涂和面漆工位,可以看到工业机器人的身影。

图 8-11　焊缝激光检测

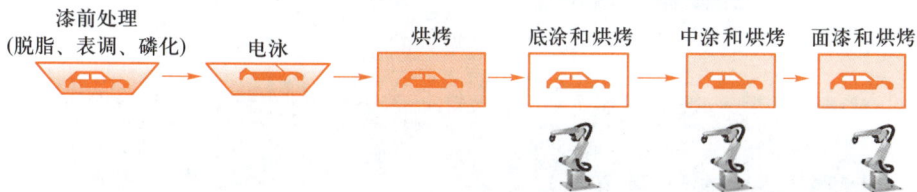

图 8-12　涂装工艺流程

　　与焊接工艺自动化相似,由于加工会产生有害物质损害人体健康,人们很早就开始使用自动化设备在相对封闭的环境里实现涂料的喷涂(见图 8-13),使操作人员从高污染的工作环境中解脱出来。传统的汽车车身喷涂广泛采用往复式自动喷涂机,与此相比,工业机器人对喷涂工件的形状和尺寸要求更低,对涂料的利用率更高,可离线编程使调试更简单灵活,因而更加具有竞争力。在 8.2 节的内容中,将以工业机器人喷涂系统为例进行系统方案的分析学习。

图 8-13　工业机器人喷涂

8.1.5   总装车间中的工业机器人

总装是将动力总成、底盘附件、电子电器、内饰及外饰零部件以适当的工艺装配到喷涂后的车身上的全部装配动作。由于车身结构的遮挡限制,一些装配工作必须由人工进入车身内部完成,且在实现自动化装配时,要保证工人不会遭受机械臂碰撞,这使得国内汽车主机厂的总装自动化程度普遍还不是很高,如图 8-14 所示为工人使用机械臂进行车轮总成装配。在国内的总装线上,工业机器人主要完成挡风玻璃的涂胶及装配,如图 8-15 所示。

图 8-14   人工装配车轮

图 8-15   挡风玻璃涂胶装配

微课

车轮总成
装配

8.1.6   更加自动化的汽车生产线

与国内相比,国外主机厂汽车生产线的自动化程度与技术成熟度更高,当然,资金投入也更加巨大。以总装生产线为例,国外某些大批量生产的轿车总装生产线,装配自动化程度已达到 50% ~65%。其中,机器人不仅用于挡风玻璃的密封胶涂覆和装配,也用于车轮备胎(见图 8-16)、仪表盘总成、车门、蓄电池部件甚至发动机动力总成等大型总成件的装配。机器人自动装配往往伴随着视觉传感器的使用。使用机器人系统装配的优势在于:能够获得更稳定的装配精度和速度、承受更大的载荷、代替人工持续完成并不舒适的装配动作。

随着技术革新,许多焊装车间已经开始使用自冲铆接技术(一种冷连接技术)来代替部分焊接加工,以提高生产效率,图 8-17 为机器人实现铆接工艺。

图 8-16　机器人安装备胎

图 8-17　自冲铆接机器人

　　制造行业不仅通过改良工业机器人应用技术、升级工业机器人配套设备来优化生产线提高自动化率,同时引入了智能制造理念,利用 MES 和 RFID 技术进行生产全流程管理和品控。

　　制造执行系统(MES)是一种面向车间层的生产管理技术与实时信息系统,功能涵盖了资源分配及状态管理、生产单元分配、工序调度、数据采集、过程管理、生产跟踪及历史记录等,如图 8-18 所示。以涂装工序调度为例,根据客户

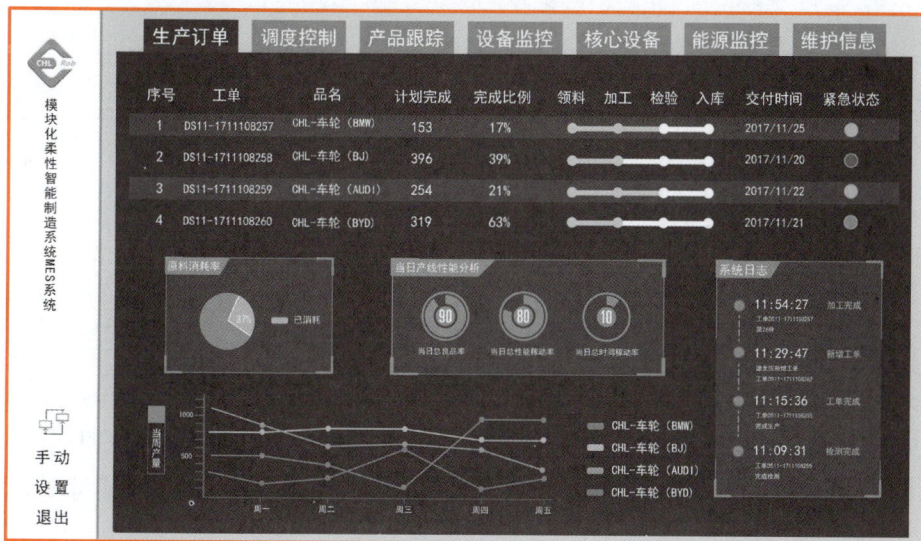

图 8-18　MES 界面示意

定制化要求,同一车型汽车的涂装颜色要求可能不同,按照订单先后顺序排列下来,涂装车间的作业很可能是先喷红色,再喷蓝色,又喷红色。频繁的设备状态切换势必会降低生产效率,涂装车间更希望的是在一个相对合理的时间区间内,先一次性完成所有同样颜色的涂装,切换一次设备状态,再进行下一颜色的涂装。这时,利用MES,可以从生产订单出发,分析生产批次和顺序的优化方案,进而指导包括工业机器人在内的动作顺序和控制方案。

无线射频识别(RFID)技术是一种通信技术,可以在非接触状态下通过无线电信号识别特定目标并读写数据,RFID的功能如图8-19所示。利用RFID设备完成产品数据的智能采集,自动实时提交到MES中。数据的准确收集为数据的应用拓展了无限的可能,产品、设备机型、生产线等各个维度的信息均能精准追踪。MES通过数据分析处理实现生产线的自动预警,防止不良品流出。

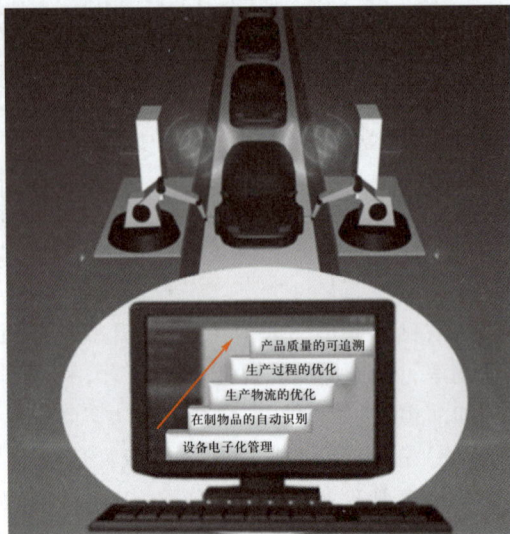

图 8-19   RFID 的功能

8.2   工业机器人集成系统

8.2.1   集成系统案例分析

从8.1节的内容中可知,工业机器人参与了冲压、焊装、涂装等制造工艺的实现过程。但仅仅依靠工业机器人本身,是无法独立完成这些加工流程的,还需要协同单元(例如传感器、末端执行器、输送装置、工装夹具、机器人外部轴、安全保护装置等)的配合,利用通信技术实现各单元间的信息传递和流程控制,才能将各个独立的小单元结合成为一个完整的、能够实现特定功能的工业机器人集成系统(见图8-20)。

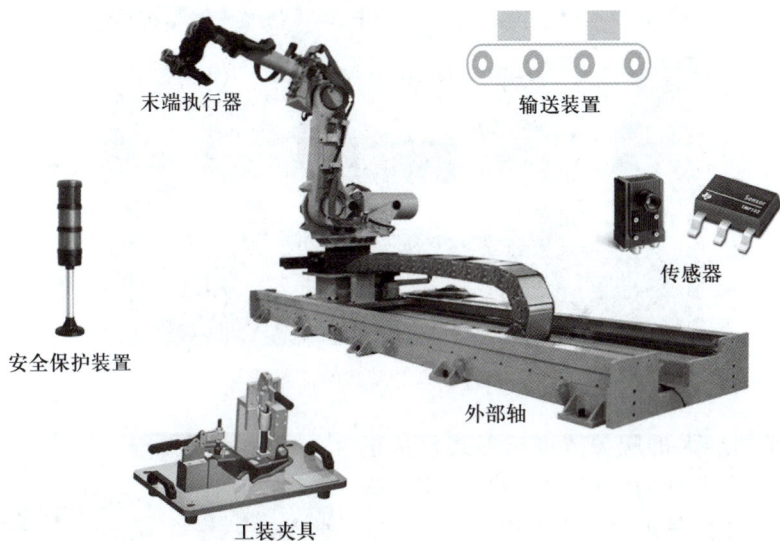

图 8-20 工业机器人集成系统组成

根据生产的组织形式不同,工业机器人集成系统大致可分为工作站和生产线两类。工作站通常指的是包含一台或多台机器人的,在某一固定的空间区域内可以完成指定工序动作的集成系统设备。而生产线大多是由输送装置将一组制造设备或工作站按照工艺顺序联结起来的流动式集成系统设备,能够自动顺序完成产品全部或部分制造过程。8.1.2 节中所介绍的冲压生产线即为典型的生产线系统,而 8.1.4 节的内容中介绍的工业机器人喷涂系统可以视为一个独立的工作站。下面以工业机器人喷涂系统为例,简单分析工业机器人集成系统设计方法。这里所谓集成包含了两个层面:一是硬件的匹配连接,也是最直观的层面;二是控制方法和软件配置层面,相对较抽象。

任何一个集成系统的详细设计(前期还需要进行需求分析、概念设计等)都是由总体设计为起点开始的。在集成系统的总体设计阶段,需要结合具体工艺,主要考虑以下几个方面来确定总体设计方案,各方面的内容存在交叉和重叠,需要综合迭代考虑。

1. 布局形式与人机性能

根据系统功能需求,占地尺寸、承重要求等确定布局形式及安装方式,划分功能区域。布局或尺寸设计时需要考虑操作人员的操作方便性、维修性等人机性能。

工业机器人的安装形式包括固定式安装和有轨式安装,按照机器人本体固定姿态又可分为落地式、悬臂式、倒置式、斜置式。在图 8-21 所示喷涂系统中的机器人为固定悬臂式安装,悬臂式安装可有效利用布置空间,减小喷涂空间的宽度,降低能耗。

2. 工业机器人选型与外部轴(附加轴)

根据工艺要求,确定工业机器人的类型、数量以及每个机器人的工作空间、负载能力、定位精度等性能参数的要求。如机器人工作行程要求较大,还需考虑是否适当增加外部轴。

PPT

机器人外部轴

图 8-21　固定悬臂式喷涂系统

　　喷涂机器人的腕关节可选形式包括正交球型、正交非球型（见图 8-22）、斜交非球型。其中，正交球形手腕与人们常见的 6 轴关节型机器人手腕形式相同。正交非球形手腕在喷涂内壁时，灵活度和运动学特性优于常见的 6 轴机器人手腕。

　　在这里提到一个叫作"外部轴"的概念。当仅靠机器人的动作范围还达不到使用要求的位姿时，可以考虑通过增加辅助设备来配合机器人联动，以达到所要求的位姿，这些辅助设备就叫作外部轴。

图 8-22　正交非球型腕关节

　　滑轨是最常见的外部轴，可线性扩展工业机器人本体的工作范围；焊接工艺中常使用的变位机也可作为机器人的外部轴使用，实现复杂焊接轨迹。在为工业机器人扩展外部轴时，需要先将其配置到工业机器人控制系统中（目前主流品牌工业机器人都配有外部轴扩展的硬件/软件接口），才能使用机器人示教器对本体轴和外部轴同时编程进行联控。

　　在机器人应用领域，滑轨除了作为外部轴使用，还有另外一种依靠 PLC 控制的使用形式。这种形式也可以扩展工业机器人的工作范围，与外部轴形式的区别在于无法与机器人本体轴联动，滑轨带动机器人滑动时需要保证机器人处于安全位姿（滑动过程中不会出现碰撞）。图 8-23 中有轨悬臂式工业机器人喷

图 8-23　有轨悬臂式工业机器人喷涂系统

涂系统即为上述应用形式,滑轨可带动机器人沿喷涂对象的输送方向往复运动,扩展工作空间。

3. 安全保护与环保

对于使用者而言,系统的安全性是绝对的重中之重。有些工序在执行过程中是有可能对操作人员或设备造成危险的,在这种情况下,需配置防爆保护装置或使用具有防爆性能的机器人/设备等保护人身和设备安全。另外,对可能产生有害物质的工序,还需采取排放前处理等环保措施。

由于喷涂环境中会产生易燃易爆挥发性有害物质,因此在设计喷涂系统时需考虑防爆。首先可以配置防爆吹扫装置,装置可吹扫用电设备箱体空腔中的有害气体,同时通过气压传感器监控喷涂室气压,压力超限后可及时切断电源阻断燃爆。另外,机器人本体也需具备防爆特性,图8-24所示为防爆机器人的防爆吹扫区域示意图。

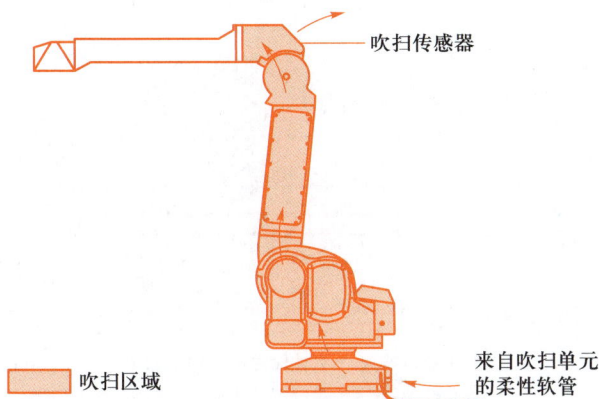

图8-24　机器人防爆吹扫区域

根据《大气污染物综合排放标准》,喷涂气体排放前需经过特殊处理降低污染物含量。处理方法包括过滤法、低温冷凝法、油吸收法、水吸收法等。

4. 协同单元的配置

设计或选型满足系统要求的传感器、末端执行器、输送装置、工装夹具等协同设备,满足功能需求的同时需要同步考虑它们的尺寸、质量、所支持的通信方式、控制形式等,需尽可能便于系统的集成。

从系统硬件部分看,工业机器人喷涂系统的协同单元一般包括:喷枪、供漆系统(可实现漆料调制、供应和切换,如图8-25所示)、清枪系统、工件输送链(配置夹具或支架固定工件)、防爆装置等协同单元。

5. 系统总控与通信方式

由于工业机器人与不同品牌和厂家的协同单元支持的通信协议有时不能够相互匹配,且PLC具备比较完善的逻辑处理、数据运算和工业控制能力,工业中目前最常见的工业机器人系统总控方式是:由一台或多台PLC作为上位控制系统,分配电源、控制协同单元的电路气路状态以及协同单元间、协同单元与工业机器人间的信息传递。也可根据需求采用工业机器人为控制主体的总控形式,或在PLC系统上游引入PC和MES作为整个集成系统的上位控制系统。图8-26所示为一喷涂系统的总体控制结构。

图 8-25　供漆系统

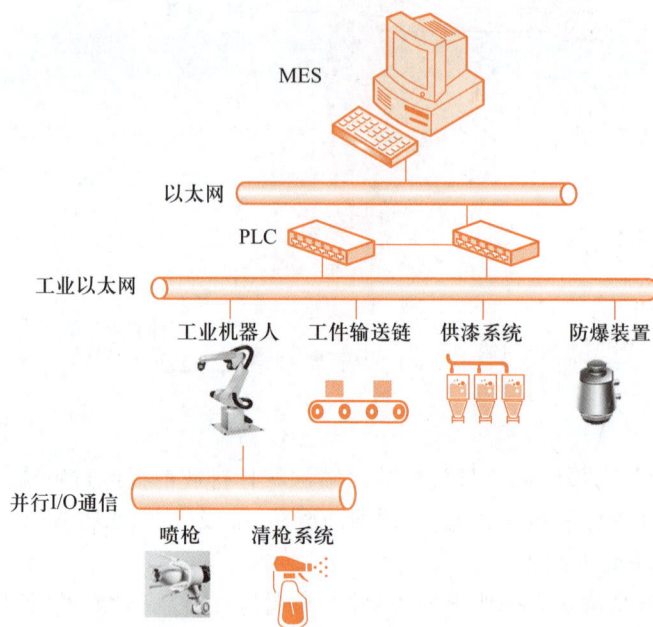

图 8-26　喷涂系统控制结构

6. 经济性

综合资金条件、设备使用期限要求、可改造性要求等方面平衡设备成本。

8.2.2　多机器人系统

多机器人系统的概念涉及范围较广,在这里主要是指协作机器人系统。随着人类对于机器人所执行任务的复杂度要求日益提高,单一机器人系统在复杂工艺应用中已无法完全满足需求,具备"协作"能力的多机器人系统应运而生,旨在能够以协调的运动方式合作完成某个复杂任务。因此,多机器人间高效的通信控制策略与系统合理的集成方法对于协作机器人系统来说至关重要。

在前文的案例中,多数工业机器人集成系统中都包含不止一个机器人,若干机器人之间往往并不是简单的依次执行一个串联流程,而是同时动作,完成焊接（见图8-27）、喷涂等生产过程。这样的工业机器人集成系统就是典型的协作机器人系统。

图8-27 多机器人焊接系统

协作机器人系统的控制要点在于：如何在操作空间中避免相互碰撞，同时合理分配各机器人的动作并优化运动路径。

目前许多主流工业机器人品牌的控制系统已经具备了多机器人同步控制的能力。例如ABB品牌的IRC 5控制系统，如果选择配置了MultiMove功能模块的IRC5系统，仅需在示教器上进行配置和编程，即可实现多台机器人（不超过4台）的联动控制。类似的，KUKA品牌的RoboTeam软件同样可实现多台机器人的同步控制。

8.2.3　平台化产品设计与生产柔性需求

企业往往希望研发生产出一系列多样化且存在差异梯度的产品以迎合不同层次的市场需求。但产品研发生产周期的限制和市场响应速度要求，都使得在一定时间内获得质量过硬、种类丰富的产品系列存在很大的困难。平台化产品设计策略就是在这样的背景下产生的，这种设计方法往往基于模块化设计思路，同一平台下不同产品的设计方案仅做局部修改、生产工艺和设备也得以大幅度的共用，从而实现降本增效的同时满足多样化产品研发需求。

举一个汽车产品的平台化设计案例进行简单说明就会发现，近年来一些品牌旗下的多款轿车车型仅通过汽车前视图已经不容易分辨了（见图8-28），而这些轿车在十余年前刚刚引进中国不久时的外观却各不相同。汽车改型设计的出发点和原因纵然是十分复杂的，但可以确定的是，原因之一一定是通过平台化设计策略减少设计方案差异化所导致的生产设备差异，进而降低了生产成本。从图8-28中视角看来，几个车型的外观十分相似的原因，就是由于发动机盖等冲压件以及前保险杠等外饰件采用了相似的模具和加工工艺进行制造，这种做法将节省十分可观的一笔模具制作修模费用和加工设备采购支出。

在平台化设计的策略下，具有产品谱系概念的生产企业逐渐将以前只能实现单一产品大批量生产的设备进行调整改造和升级，以求在一套设备或生产线上可以制造出同谱系下所有型号的产品。在这过程中，生产柔性的概念逐渐得到了体现和重视。生产柔性是指生产系统对用户需求变化的响应速度和对市

微课

弧焊系统
协同焊接

场的适应能力。生产柔性的体现可以分为两个方面：一方面是种类柔性，即对不同种类产品生产的适应性；另一方面是时间柔性，即在不同产品生产状态间切换的效率。柔性化生产将是很长一个阶段内大规模制造业企业的发展方向。柔性生产线下的不同汽车产品如图 8-29 所示。

图 8-28　平台化设计汽车产品造型

图 8-29　柔性生产线下的不同汽车产品

8.3　自动化时代的高级阶段——未来工厂

8.3.1　智能化生产的蓝图

德国学术界和产业界在 2013 年提出的"工业 4.0"概念，是指以智能制造为主导的第四次工业革命或革命性的生产方法,引导制造业向智能化转型。未来工厂(也称智能工厂、智慧工厂)则是为了将"工业 4.0"概念真正落地实施所提出的、实现智能化生产的工厂的代名词。

位于德国安贝格的西门子电子制造工厂(以下简称"EWA 工厂")是以"工业 4.0"概念为目标而打造的现代工厂,是欧洲乃至全球最先进的工厂之一,也被广泛认可为代表智能化未来工厂梦想实现的雏形,如图 8-30 所示。

图 8-30　EWA 工厂一瞥

在 EWA 工厂,从仓储到生产都实现了智能自动化,70% 以上的工序由设备和计算机自主完成的。工厂是严格的无尘车间,获准入内的访客都要穿上白色大褂,经过除尘、去静电处理,与身着蓝色大褂的厂内工作人员区分开。更有意思的是,工厂的产品是主要是 SIMATIC PLC,其生产就是由产出的产品本身——SIMATIC PLC 单元来控制的,每条生产线上都有成百上千个 SIMATIC PLC 产品参与生产。采用数字化生产模式后,在工厂未扩建,人员未增加的情况下,工厂产能提升了 8 倍,每年产出超过 1 200 万个 SIMATIC PLC 产品,处理将近 30 亿个元器件,且产品合格率可高达 99% 以上。

工厂能大获成功,关键在于有机整合了三种重要制造技术:制造执行系统(MES)、通信技术、传感器技术。

产品线上每个元件都有自己的条码,记录了元件的"身份信息"。在虚拟环境下进行了生产流程规划,通过条码和 RFID 技术,元件可与生产设备直接通信,告诉生产设备自己应该在什么时间、什么生产线、什么工位出现,以及操作要求和步骤。生产过程中有上千台扫描设备在实时地对整个制造过程归档,记录生产细节,比如焊接温度、贴装数据和检测结果等,而这些生产细节信息通过温度、视觉等各类传感器感知和传递,装配贴装对位等动作可能涉及触觉、视觉等多种传感器的联合应用。EWA 工厂每天会处理超过五千万条进程信息,每件产品生产周期内的制造信息被完整记录存储在基于 SIMATIC PLC 单元物联网的 MES 中,并处于严格的控制之下,产品生产的可追溯性在理论上达到了100% 。

2013 年 9 月,EWA 的姊妹工厂——西门子工业自动化产品成都生产研发基地(SEWC,如图 8-31 所示)在成都高新西区诞生并且投产,各方面标准均按

微课

EWA 工厂

照 EWA 打造,实现了对产品研发、生产管理到物流配送的全程数字化,同时可实现灵活的小批量、多批次生产,柔性生产的方式降低了待售品库存和原材料消耗,同时保证了资金流动的灵活性,达到传统工厂难以实现的最理想的状态——高效、自动化的连续生产和准时生产。

图 8-31   SEWC 工厂生产线

未来工厂呈现出的智能化、数字化、信息化可以被视为自动化生产进入高级阶段的标志。在未来工厂中,视觉传感器、声控、力和触觉传感器以及多种传感器的组合应用将大量存在,更多的高新技术(VR 虚拟评价技术、3D 打印快速成型、激光在线测量、超声波焊点检测、蓝光扫描等)将被真实应用于生产环节中,机器人的自我学习能力将大幅提高并"进化"得更加智能;另一方面,绿色友好机器人技术的发展,将使得机器人可以与工人以协作形式共线执行生产劳动(见图 8-32),协作将具有更高的安全性和稳定性,协作机器人可据专业进行分工,机器与人的完美协同、共存共享。更重要的是,机器感知与物联网将突破物与物之间的信息交互壁垒,基于大数据的生产管理将使生产过程更高效更可靠。

图 8-32   人机协作

PPT
认识 AGV

8.3.2   勤劳的搬运工——AGV

自动引导车(Automated Guided Vehicle,AGV,如图 8-33 所示)也被称为无

人搬运车,是一种由计算机控制,自带动力或动力转化装置,装备有电磁或光学等自动导引装置并能沿规定引导路径自动行驶的轮式移动运输工具,一般具有安全防护、移载(装卸)等功能。根据相关国家标准中的定义,AGV 属于移动机器人的范畴,并不是工业机器人,但由于其结构紧凑、运动路径灵活、自动化程度高、可靠性强等优势,被广泛应用于工业生产流程和物流运输中的物料搬运流转。

图 8-33　工作中的 AGV

AGV 的结构主要包含车体、感应装置、动力装置、驱动装置、转向装置、导引装置、移载机构、控制系统等。

1. 车体

车体主要包含车架、车身箱体等机械承载结构或防撞结构。车架通常为焊接钢架结构,用于安装和固定驱动装置、转向装置以及识别路径的感应装置。

2. 动力装置

动力装置为 AGV 上驱动电动机及通信设备等所有用电设备供电,包括蓄电池(目前常见的 AGV 为电力驱动)及充电系统。

3. 驱动装置

驱动装置是驱动 AGV 运行,可合理控制速度和制动的系统,包括电动机、驱动器、减速器、制动器、车轮等部件,与电动汽车的驱动系统类似。驱动方式可以分为单轮驱动(单向运动)、差速驱动(双向运动)和全驱动(横向、纵向、斜向及回转运动)。

4. 转向装置

转向装置控制 AGV 行进方向。对应三种驱动方式,转向装置分为以下三种形式。

(1)铰轴转向型

车体的前部有一个转向驱动车轮,后部为两个自由转动轮,车体由前轮驱动实现向前单向行驶。其结构简单、成本低,但定位精度不高。铰轴转向型底视图如图 8-34 所示。

（2）差速转向型

车体的中部有两个驱动轮,前后部各有一组自由转动轮。通过控制中部两个轮的速度比可实现车体的转向（如图 8-35 所示,当两轮速度关系为 $v_1 > v_2$ 时,车体在底视视角下逆时针转向）,切换驱动装置的输出转向可实现向前后双向行驶。这种方式结构简单,定位精度较高。

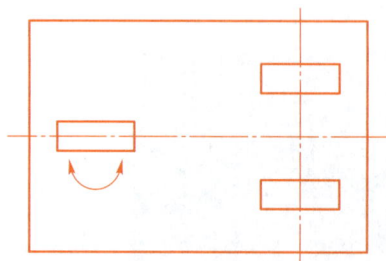

图 8-34　铰轴转向型底视图　　图 8-35　差速转向型底视图

（3）全轮转向型

车体的前后部各有两个驱动和转向一体化车轮,可实现沿纵向、横向、斜向和回转方向的灵活行驶（如图 8-36 所示,实现斜向行驶）,但控制算法比较复杂。

5. 导引装置

导引装置的作用就是为 AGV“导航”,主要包括电磁导引、直接坐标导引、光学导引、磁带导引、激光导引、惯性导引、GPS 导引、图像识别导引等方式,根据路径是否固定又可以分为预定路径方式和非预定路径方式。

下面以电磁导引为例说明导引工作原理,如图 8-37 所示。在设定好 AGV 的行驶路径后,沿此路径在地面预埋金属线。AGV 运动时,需对金属线加载一定的导引频率,安装在 AGV 上的感应装置识别对应频率实现导引。这种方式是一种典型的预定路径方式,而激光导引则是一种非预定路径的方式,行驶路径可灵活调整。

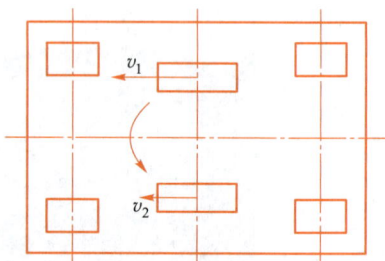

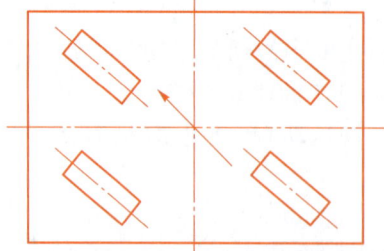

图 8-36　全轮转向型底视图　　图 8-37　电磁导引原理

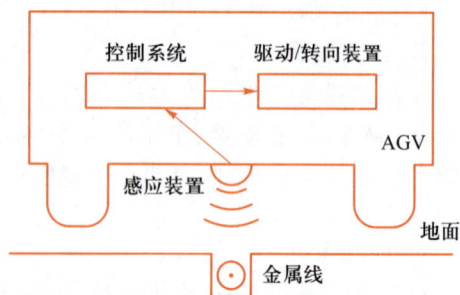

6. 移载机构

移载机构用于物料的装卸,安装于车体之上。常见的 AGV 装卸方式可分为被动装卸和主动装卸两种。

（1）被动装卸

AGV 仅靠自身无法实现装卸功能,需装卸站或上下料设备的装卸装置辅助装卸。常见的被动装卸式 AGV 有升降台面式和滚筒台面式两种,如图 8-38 所示。

(a) 升降台面式　　　　　　　　　　　　(b) 滚筒台面式

图 8-38　被动装卸式 AGV

升降台面式的升降台下设有液压升降机构,可以自由调节高度。为了顺利移载,AGV 必须精确停车。

采用滚筒台面式时,对接的站台须带有动力传动辊道,AGV 停靠在站台边,与站台上的辊道对接之后同步动作,实现货物移送。

(2) 主动装卸

AGV 具有自主装卸功能。常见的主动装卸式 AGV 有叉车式(如图 8-39(a) 所示)、双面推拉式、单面推拉式(如图 8-39(b)所示)和机器人式等。

(a) 叉车式　　　　　　　　　　　　　(b) 单面推拉式

图 8-39　主动装卸式 AGV

7. 控制系统

控制系统包含上位调度系统、地面控制系统和车载控制系统,这种控制系统的层次与软件叫车服务系统十分相似,用户通过软件发送用车需求(上位调度),软件通过 GPS 识别最优车辆并派遣(地面控制),车辆根据导航到达用户指定位置(车载控制)。

8.3.3   未来工厂中的我们

随着自动化程度的不断提升,尽管人们可以预见到未来工厂将向着"无人化"的趋势发展,但未来工厂的终极形态是否就真的是全自动化不需要人存在了呢?答案是否定的!关于机器换人,马云曾说——机器人的使命,应该是帮助人类做那些人类做不了或不适合做的事,而不是代替人类。正如铁路的出现虽然抢去了很多挑夫的工作,但却增加了成百万的铁路工人。技术变革会为人类废除一些低端烦琐的工作,最终也会创造更高端人性化的工作岗位。

在未来工厂中,人仍然是至关重要的决定性力量,生产率的提升,基础设施固然重要,但人的创新能力和决策能力仍然将占主导地位。人或许会由机器人替代并逐渐远离"造"的环节,但在"创"的方面,人的优势不可忽视。甚至有人脑洞大开,认为在未来人将能够通过脑电波控制机器人工作。

那么,未来工厂中的人们将会从事什么样的工作呢?

首先,先进的生产流程和工艺是机器在短期内不会自主生成的,来源于人的生产经验和数据分析,这也是"创"的重要体现。

在 EMA 工厂中,虽然已看不到密集的工人在不同的流水线上繁忙工作的情景,但车间内仍有少数工人面对操作屏幕或计算机显示屏实施数据监控、流程分析和按键操作。人作为信息化生产中的一个数据处理环节参与制造过程。

另外,无论系统如何强大,产品设计升级都将导致设备、系统改造优化,生产过程中也不可避免地会出现故障和错误。因此,程序设计编写、故障排查维修、设备调试改造等工作至少在短期内还将由人来完成。

最后,在现阶段,智能制造技术仍在探索发展,机器换人虽然是大势所趋,但还有很多工作岗位是人力成本远低于设备成本的,因此这样的岗位在短期内将依然存在。

思考与练习题
答案

思考与练习题

1. 工业机器人在汽车制造中有哪些应用?
2. 工业机器人系统集成设计需要考虑哪些方面?
3. 什么是生产柔性?它包含哪些方面?
4. 未来工厂的发展趋势是什么?

参考文献

[1] 陈强,陶海鹏,王志明. 接近觉传感器的研究现状和发展趋势[J]. 甘肃科技纵横,2009,38(6):35-36,56.

[2] 郭洪红. 工业机器人技术[M]. 西安:西安电子科技大学出版社,2016.

[3] 韩建海. 工业机器人[M]. 武汉:华中科技大学出版社,2016.

[4] 姜义. 光电编码器的原理与应用[J]. 传感器世界,2010,16(2):16-19,22.

[5] 蓝天鹏. 开放式工业机器人控制系统的研究与实现[D]. 广州:华南理工大学,2015.

[6] 李原,徐德,李涛,等. 一种基于激光结构光的焊缝跟踪视觉传感器[J]. 传感技术学报,2005(3):488-492.

[7] 林志勇. 基于 PLC 控制的工业机器人系统的研究与实现[J]. 中国高新技术企业,2014(15):26-27.

[8] 刘耕. 工业机器人发展史[N]. 东莞日报,2015-04-27(B07).

[9] 刘凌云,钱新恩. 弧焊机器人激光焊缝跟踪系统的应用研究[J]. 湖南科技大学学报(自然科学版),2010,25(3):63-66.

[10] 乔新义,陈冬雪,张书健,等. 喷涂机器人及其在工业中的应用[J]. 现代涂料与涂装,2016,19(8):53-55.

[11] 石更辰,孙广育,李科杰. 机器人接近觉、距离觉传感器的研究现状与建议[J]. 传感器技术,1993(5):54-58.

[12] 施文龙. 六轴工业机器人控制系统的研究与实现[D]. 武汉:武汉科技大学,2015.

[13] 唐记弘. 基于 ARM 的嵌入式工业控制器的研究[D]. 西安:陕西科技大学,2009.

[14] 王树国,付宜利. 我国特种机器人发展战略思考[J]. 自动化学报,2002(S1):70-76.

[15] 王天然,曲道奎. 工业机器人控制系统的开放体系结构[J]. 机器人,2002,24(3):256-261.

[16] 王永甲. 可重构模块化机器人构型设计理论与运动学研究[D]. 南京:南京理工大学,2008.

[17] 吴军,徐昕,连传强,等. 协作多机器人系统研究进展综述[J]. 智能系统

学报,2011,6(1):13-27.

［18］　颜玮.工业机器人快换装置的安装与调试［J］.山东工业技术,2016
(19):9-10.

［19］　张建民.工业机器人［M］.北京:北京理工大学出版社,1988.

［20］　张泉.工业机器人常用传感器［J］.希望月报(上半月),2007(11):
42-43.

［21］　本刊编辑部.国际机器人联合会2020年全球工业机器人统计数据［J］.
机器人技术与应用,2020(5):47-48.

［22］　李忆,喻靓茹,邱东.人与人工智能协作模式综述［J］.情报杂志,2020,39
(10):137-143.

［23］　罗连发,储梦洁,刘俊俊.机器人的发展:中国与国际的比较［J］.宏观质
量研究,2019,7(3):38-50.

郑重声明

高等教育出版社依法对本书享有专有出版权。任何未经许可的复制、销售行为均违反《中华人民共和国著作权法》，其行为人将承担相应的民事责任和行政责任；构成犯罪的，将被依法追究刑事责任。为了维护市场秩序，保护读者的合法权益，避免读者误用盗版书造成不良后果，我社将配合行政执法部门和司法机关对违法犯罪的单位和个人进行严厉打击。社会各界人士如发现上述侵权行为，希望及时举报，我社将奖励举报有功人员。

反盗版举报电话　　（010）58581999　58582371

反盗版举报邮箱　dd@hep.com.cn

通信地址　北京市西城区德外大街4号　高等教育出版社法律事务部

邮政编码　100120